新手父母

適用4至6歲
下雨天、無聊天、放假天，
與孩子一起玩遊戲吧！

孩子的

權威兒童發展心理學家專為幼兒
打造的 **40個潛力開發遊戲書❻**

情緒控管&藝術體驗遊戲

장유경의 아이 놀이 백과 (5~6세 편)

兒童發展心理學家 **張有敬 Chang You Kyung** ——— 著

林侑毅 譯

目錄

推薦語 010
作者序｜把遊戲還給孩子 012

本書使用方法 016

Chapter 1

｜人際・情感發展｜ 專為48～72個月設計的遊戲

同儕互動與相處、
經營人際關係的遊戲

開始與同儕比較，形塑自尊心的時期 021
★ 遊 戲 ❶ **身體掃描冥想** ▶▶思考力、記憶力、問題解決力 027
★ 遊 戲 ❷ **表情解讀** ▶▶情緒表達、社交技巧 030
★ 遊 戲 ❸ **認識朋友的遊樂園** ▶▶表達力、遵守規則 033
★ 遊 戲 ❹ **感受名畫中的情緒** ▶▶想像力、問題解決力 036
★ 遊 戲 ❺ **情感溫度計** ▶▶調節情緒、社交技巧 039

拉繩疊杯子
▶▶ 溝通力、團隊精神

大家來找碴
▶▶ 創意、觀察力

★ 遊戲 ❻ 今天的心情 ▶▶ 情緒表達、思考力 042

★ 遊戲 ❼ 小天使遊戲 ▶▶ 調節情緒、社交技巧 045

★ 遊戲 ❽ 贈送感恩券 ▶▶ 角色取替能力、同理心 048

★ 遊戲 ❾ 互相稱讚 ▶▶ 互相稱讚　觀察力、自信心 051

★ 遊戲 ❿ 「我說」遊戲 ▶▶ 自我調節力、注意力 054

★ 遊戲 ⓫ 藍旗白旗 ▶▶ 記憶力、爆發力、專注力 057

★ 遊戲 ⓬ 號誌遊戲 ▶▶ 行為調整力、遵守規則 060

★ 遊戲 ⓭ 頭－腳－肩－膝 ▶▶ 記憶力、注意力、自我調節力 063

★ 遊戲 ⓮ 拉繩疊杯子 ▶▶ 溝通能力、團隊精神 066

★ 遊戲 ⓯ 貼著屁股帶球走 ▶▶ 團隊精神、溝通能力 068

★ 遊戲 ⓰ 四目交接 ▶▶ 情感連結、社交技巧 071

★ 遊戲 ⓱ 大家來找碴 ▶▶ 創意性、觀察力、記憶力 074

★ 遊戲 ⓲ 解開手環 ▶▶ 社交技巧、問題解決力 076

★ 遊戲 ⓳ 湯匙上堆骰子 ▶▶ 團隊精神、問題解決力 079

★ 遊戲 ⓴ 黏貼便利貼 ▶▶ 團隊精神、問題解決力 082

Q&A煩惱諮詢室 張博士，請幫幫我！ 085
發展關鍵詞 社會能力 088

| 藝術・創意發展 | 專為48～72個月設計的遊戲

體驗生活中的藝術，
發現自我天賦的時期

發展到達一定程度，更懂得表達感受與想法 093

★ 遊戲 ❶ 水瓶樂器 ▶▶ 音調原理 097

★ 遊戲 ❷ 魔笛DIY ▶▶ 音調原理、想像力 100

★ 遊戲 ❸ 音樂跳繩 ▶▶ 合作精神、音樂敏感度 103

★ 遊戲 ❹ 我是一隻女王蜂 ▶▶ 紓解壓力、創意性 105

★ 遊戲 ❺ 用身體創造節奏 ▶▶ 紓解壓力、思考力、記憶力 108

★ 遊戲 ❻ 紙魚DIY ▶▶ 小肌肉運動、藝術感 110

★ 遊戲 ❼ 拉線畫圖 ▶▶ 小肌肉運動、對稱原理 113

★ 遊戲 ❽ 麵粉黏土 ▶▶ 大肌肉運動、測量單位 116

★ 遊戲 ❾ 盡情調色 ▶▶ 小肌肉運動、混色原理 119

★ 遊戲 ❿ 影子遊戲 ▶▶ 探索欲、影子原理 121

魔笛DIY
▶▶聲音原理、想像力

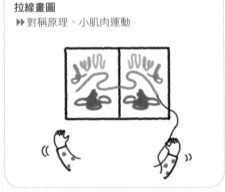

拉線畫圖
▶▶對稱原理、小肌肉運動

用照片完成圖畫
▶️創造力、推理力

半臉自畫像
▶️藝術感、觀察力

照片　圖畫

★ 遊戲 ⑪ **磁鐵畫圖** ▶️磁鐵特性、觀察力 124

★ 遊戲 ⑫ **盡情塗鴉** ▶️合作精神、藝術感 127

★ 遊戲 ⑬ **瓶蓋畫** ▶️想像力、創造力 130

★ 遊戲 ⑭ **用照片完成圖畫** ▶️創造力、推理力 133

★ 遊戲 ⑮ **保麗龍藝術** ▶️藝術感、創意性 135

★ 遊戲 ⑯ **紙張造型** ▶️創意性、問題解決力 138

★ 遊戲 ⑰ **半臉自畫像** ▶️觀察力、藝術感 141

★ 遊戲 ⑱ **紙巾列印** ▶️創意性、思考力 144

★ 遊戲 ⑲ **手指玩偶DIY** ▶️創意性、思考力 147

★ 遊戲 ⑳ **咖啡濾紙花朵DIY** ▶️混色原理、科學 150

Q&A煩惱諮詢室 張博士，請幫幫我！ 153

發展關鍵詞 繪畫表達能力的評估 158

結語｜為孩子找回遺失的遊戲樂趣 162

參考文獻 164

■　很高興看到張有敬博士這本與幼兒發展專業知識連結、教導讀者遊戲重要性的好書。期望透過本書的指導，孩子們可以獲得玩得更開心、更幸福的機會，同時也能盡情享受「玩的權利」。

■　對幼兒而言，遊戲不只是學習，更是生活的全部。透過遊戲，他們的腦細胞得以發展，情感變得豐富，也在與父母遊戲的過程中，感受獲得關愛的幸福感，培養社會性。期望藉由本書讓孩子玩得更盡興，過得更幸福，也相信作者的努力能使這個社會，獲得更進一步的發展。

■　幼年時，曾與父母盡情遊戲的人，即使長大之後，出現心理上的問題，最終仍能回到正軌。因為他們擁有對他人最基本的信賴與復原能力。依照本書所介紹的遊戲與孩子同樂，必可成為孩子一輩子都珍惜的重要經驗。推薦本書做為養育子女時，隨時放在身旁閱讀的必讀好書。

把遊戲還給孩子

● ● ●

　　接下來，是專為處於幼兒期最後階段——48至72個月的幼兒所設計的遊戲。如今，孩子在認知方面，已成長至可上幼稚園、可接受教育的程度，在語言與社會性方面，也發展至可與同儕朋友一起玩耍的程度。同時，他們已經能與朋友進行更複雜、更有趣的各種遊戲。

　　然而，令人感到可惜的是，幼兒在遊戲過程中，總是過於匆忙。世界各國（尤其是亞洲地區的國家）皆強調從更小的年齡開始學習，為了不讓孩子輸在起跑點，幼兒的遊戲時間大幅縮減。在這個幼兒期的最後階段，有必要重新思考遊戲的目的與意義。

相較於前面五冊，這一冊將要介紹的遊戲更為複雜，也更為專業。雖然，我在書裡再三強調「遊戲在於嬰幼兒發展上與教育上的驚人效果」，偶爾卻仍讓人不禁疑惑「究竟是遊戲，還是課程？」其實，對幼兒最好的課程，正是遊戲型的課程。

遊戲必須是「有趣的」

我的大兒子小時候曾在美國學過跆拳道。那是一間必須開車30分鐘左右才能抵達、由美國教練經營的跆拳道館。孩子每週向那位美國教練學習跆拳道兩次，其實，連「一」「二」「三」「敬禮」「踢腿」等口令，都是以笨拙的韓語加英語進行。當時，在我們大人眼裡看來，向美國教練學習的跆拳道動作可謂花拳繡腿，實在是不倫不類，不但上課時間短，孩子一半的時間都在玩。儘管如此，兒子卻相當開心，每週都很期待要上跆拳道課。

學習數個月之後，因為臨時有事，必須返回韓國一段時間。回國後住的公寓對面，正好有一間跆拳道館，我便帶著兒子上門了解。這間教室每週上課5天，課程安排看起來非常具體與精實。我仔細想了想，在這裡學習一個月的效果，肯定比在美國學習好幾個月的效果好。抱著這個想法，便幫孩子報名。不過，上課一個月之後，兒子的跆拳道實力有沒有變好不得而知，但某天之後，他再也不想去上課了，自此，他放棄了跆拳道。

本書介紹的遊戲，確實具有教育上與發展上的效果。許多研究與理論，皆可做為證明。如進行〈藍旗白旗〉遊戲，有助集中注意力。進行〈大家來找碴〉遊戲，可以提升創意性、觀察力、記憶力。進行〈拉線畫圖〉遊戲，不僅有助小肌肉運動，還能學習對稱原理。愛因斯坦曾說過「遊戲是最高形式的研究。」俄羅斯心理學家維高斯基（L. S. Vygotsky）也說「幼兒在遊戲中奠定下一階段的發展。」

然而，遊戲最重要的，還是必須有趣才行。正如我家大兒子學習跆拳道一樣，如果勉強孩子進行不符合其程度的遊戲（或課程），那麼從那一刻起，遊戲將淪為折磨與訓練。其實，遊戲不難，和孩子一起在玩耍時開懷大笑，並樂在其中，甚至忘卻時間的流逝，那就是「遊戲」了。

即使遊戲是最適合幼兒教育的手段，不過，在樂趣消失的瞬間，遊戲也將就此喪失魔法。

遊戲不是選項，而是幼兒的權利

如果缺乏遊戲，將會發生什麼樣的後果？遊戲研究所（National Institute for Play）史都華布朗（Stuart Brown）博士數十年來，訪問過多名手段凶殘的罪犯，並調查他們幼年時的遊戲經驗。他發現這些罪犯的共通點，在於幼年時沒有開心遊戲的回憶。布朗博士得出如下結論：

幼年時的遊戲經驗不足或遊戲權利被剝奪，不僅將因此錯失啟發好奇心與學習等待（耐心）、自我調節的機會，人生前十年持續缺乏遊戲經驗，也將導致各種情緒上的問題，如憂鬱症、僵化思考、出現攻擊性，或難以抑制衝動等。

2015年5月，韓國全國市道教育監協議會（Korea Association of Regional Development Institute）頒布「幼兒遊戲憲章」。幼兒遊戲憲章（Charter for Children's Play）明確揭示「遊戲不是選項，而是幼兒的權利」。幼兒必須享有遊戲的場所與時間。送往補習班學習是選擇的問題，而遊戲是幼兒的權利。

如今我們的孩子將從幼兒蛻變為兒童，邁向更廣闊的世界，該是將開心遊戲的權利還給孩子的時候了。

請務必相信遊戲帶來的發展與教育的效果，將跳房子和打彈珠的時間還給孩子吧！給予孩子可以四處奔跑，玩得滿臉通紅，或可以什麼事也不做，盡情發呆打滾的時間與場所。真心與孩子一起享受本書的遊戲。無論是幼兒或成人，任何人都需要遊戲。

兒童發展心理學家、心理學博士
張有敬

▶ 本書使用方法 ◀

本書依據不同統合項目，收錄這個時期孩子必需的遊戲。透過以下說明，
不僅可以掌握本書架構，亦可了解各部分的使用方法與作者的精心設計。

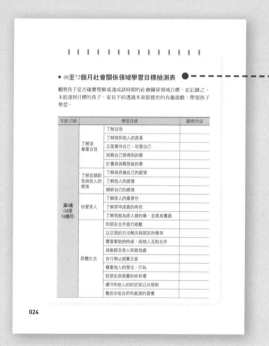

● **學習目標檢測表。** 期望讀者將檢測
表中提示之教育課程目標，作為期待
孩子的發展與提供教育方向之參考。

● **五大領域分類與各個遊戲介紹。** 遊戲其實能同時
刺激不同的領域，不過書裡仍會以影響最大的領域
作為主要分類。這個時期的孩子所玩的遊戲，會比5
歲以前的遊戲更富有教育性、發展性。如前所述，
這是各個領域發展最劇烈的時期，因此本書參考許
多研究與論文，選出能夠刺激各領域發展的遊戲。

遊戲開場白。 在開始遊戲前，會先針對遊戲做簡單的介紹，以便家長更能掌握整個遊戲的進行。

準備物品。 提示進行遊戲必需的物品。善用家中就能輕鬆取得的材料或回收物品，也可以是孩子不錯的玩具。

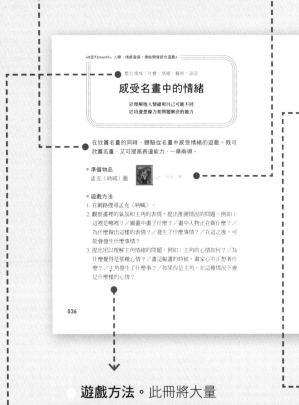

遊戲方法。 此冊將大量省略親子對話範例。因為這個階段孩子已經能順利溝通，父母也熟悉與孩子的對話技巧。只有需要進一步說明遊戲方法時，才會提示對話。否則，家長只要詳閱遊戲方法並對照插圖，就能輕鬆理解遊戲玩法。

遊戲效果。 說明透過該遊戲可以發展的技能。不過，要先說明的是，每個遊戲的效果都相當可觀，並無法全部完整羅列於此區塊。

培養孩子潛能的訣竅與應用。 這裡會提示可以改變該遊戲的幾種方法。家長不妨參照訣竅，並依據孩子實際情況調整難易度，再陪伴孩子嘗試不一樣的遊戲玩法。

● **發展淺談**。介紹關於這個時期兒童的各種研究與理論，或值得家長關注的主題。為了讓父母進一步了解孩子的發展與教育，將盡可能以言簡意賅的方式，說明複雜的研究或理論，看起來也許不過爾爾，但確實是有科學實證、有憑有據的內容。

● **Q＆A煩惱諮詢室**。實際調查家有該年齡層子女的家長，對遊戲與學習的各種疑惑，並摘選出發問頻率最高的幾個問題說明。希望多少能減輕家長在這段期間的煩惱。

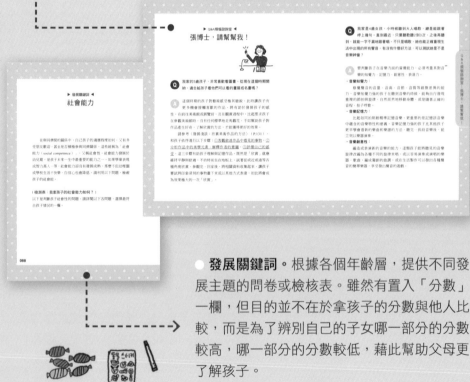

● **發展關鍵詞**。根據各個年齡層，提供不同發展主題的問卷或檢核表。雖然有置入「分數」一欄，但目的並不在於拿孩子的分數與他人比較，而是為了辨別自己的子女哪一部分的分數較高，哪一部分的分數較低，藉此幫助父母更了解孩子。

Chapter 1

人際・情感發展

專為 **48** 至 **72** 個月孩子設計的潛能開發統合遊戲

同儕互動與相處、
經營人際關係的遊戲

開始與同儕比較，
形塑自尊心的時期

• • •

社會、情緒領域發展的特徵

在48至72個月的年紀，孩子會從過去接受父母呵護的狀態，開始學習與同儕朋友結交平等關係的方法。通常能在此過程中充滿自信，理解自己與他人感情或想法，並且以流暢言語表達與感同身受的孩子，將可能成為同儕中最受歡迎的孩子。反之，不懂利用言語做表達，而是以身體上的攻擊表現自我，或無法控制自我情感（情緒）、過於消極的孩子，容易受到同儕的排擠或忽視。

此外，這個時期的幼兒不僅是在學業、運動、身體上，即使是在社會性領域上，也會拿自己和同儕相比，了解自己是多麼有價值的人，形塑自尊心。這樣的自尊心與社會性不僅影響學業，也影響孩子與同儕之間的關係。

父母總是擔心孩子能否適應幼稚園，會不會被朋友們欺負，甚至日後上了小學，能不能和朋友們打成一片。但是眼前該教什麼、該怎麼教、該怎麼準備，卻一片茫然。這邊提出此領域可以加強的幾個建議：

- **了解並尊重自我：**目標在於了解自我、珍愛自己、自己的事情自己完成（提升責任感）。
- **了解並調節我與他人的感情：**目標在於了解並表達內心感情。與視情況調節感情、了解並設想他人的感情。
- **珍愛家人：**目標在於與家人和睦相處、與家人合作、了解家人的可貴與各成員角色、為家人盡一己所能。
- **群體生活：**目標在於在群體中能和樂相處、熟悉與遵守社會價值，並懂得與人合作、正面解決矛盾等。

遊戲幫助孩子擁有自信、了解自我感情

透過在幼稚園與同儕朋友的遊戲或課程，孩子也學習到自己與他人的關係及社會。孩子擁有自信，了解自我感情並能適度調節、與同儕和樂相處，那麼對於在幼稚園或小學的生活適應，其實無須過度操心。若孩子比起和同儕玩遊戲，更喜歡自己一個人玩，或時常和同儕吵架，就需要特別留意，並盡可能幫助孩子學習適合這個時期的社會技巧。本書介紹的遊戲，有助於培養幾個必備的社會性能力：

- **自信心養成：**幫助孩子了解何謂自信、自己擅長什麼等，藉此能培養正向的態度與自尊心。
- **感情的認知、表達與調節：**有助於孩子學習了解自己與他人內心的感情，並以適切的言語表達出來的方法。學習調節感情則有助於消除孩子的壓力。
- **結交朋友與維繫友情的社會技巧：**主要讓孩子學會與他人合作、解決問題，並能積極與他人溝通。此外，讓孩子嘗試以圖畫或文字抒發個人感受。容易害羞或個性內向的孩子，更需要透過遊戲，增加以口語、文字、圖畫或身體活動表達感情或想法的機會。

● 48至72個月社會關係領域學習目標檢測表

觀察孩子是否確實理解或達成該時期的社會關係領域目標，並記錄之。未能達到目標的孩子，家長不妨透過本章節提供的有趣遊戲，帶領孩子學習。

年齡/月齡		學習目標	觀察內容
滿4歲 （48至 59個月）	了解並 尊重自我	了解自我	
		了解我和他人的差異	
		正面看待自己，珍愛自己	
		挑戰自己辦得到的事	
		計畫與挑戰想做的事	
	了解並調節 我與他人的 感情	了解與表達自己的感情	
		了解他人的感情	
		調節自己的感情	
	珍愛家人	了解家人的重要性	
		了解家中成員的角色	
		了解我能為家人做的事，並親身實踐	
	群體生活	和朋友合作進行遊戲	
		以正面的方法解決與朋友的衝突	
		需要幫助的時候，與他人互助合作	
		與教師及旁人和睦相處	
		言行舉止誠實正直	
		尊重他人的想法、行為	
		對朋友與長輩彬彬有禮	
		遵守和他人的約定或公共規則	
		養成珍惜自然和資源的習慣	

滿4歲 (48至 59個月)	關心社會	了解生活的社區	
		關心鄰里居民的工作	
		知道購物時需要付費	
		了解自己代表國家	
		關心我國的傳統遊戲和風俗	
		對自己的國家感到自豪	
		關心世界各國	
		關心多元人種和文化	
滿5歲 (60個月 以上)	了解並 尊重自我	了解自我	
		了解我和他人的整體、社會、文化的差 異	
		正面看待自己，珍愛自己	
		主動挑戰自己辦得到的事	
		計畫與挑戰想做的事	
	了解並調節 我與他人的 感情	了解與表達自己的感情	
		了解並體諒他人的感情	
		視情況調節自己的感情	
	珍愛家人	了解家人的意義和重要性	
		與家人和睦相處	
		了解各種家庭組成的結構	
		了解家人間必須互相幫助，並親身實踐	
	群體生活	和朋友合作進行遊戲	
		以正面的方法解決與朋友的衝突	
		與他人互相幫助、互助合作	
		與教師及旁人和睦相處	
		言行舉止誠實正直	

滿5歲 (60個月 以上)	群體生活	先考慮他人再行動	
		對朋友與長輩彬彬有禮	
		遵守和他人的約定或公共規則	
		養成珍惜自然和資源的習慣	
	關心社會	了解生活的社區	
		關心各式各樣的工作	
		了解日常生活中各種金錢的使用	
		了解自己代表國家，遵守禮節	
		關心我國的傳統遊戲、歷史和文化	
		對自己的國家感到自豪	
		關心世界各國，知道彼此必須互助合作	
		了解並尊重多元人種和文化	

整合領域：社會、情緒、身體、認知

身體掃描冥想

☑ 消除壓力、感受身體各個部位的感覺
☑ 強化思考力、記憶力、問題解決能力

人際‧情感發展 ❶ 身體掃描冥想

找時間和孩子靜靜躺下來，一起冥想吧！透過這個簡單的冥想活動，消除孩子的壓力與負面感情，讓孩子身心舒暢，緩緩進入夢鄉。

● 準備物品
能讓人靜下心的音樂　　　　輕音樂

● 遊戲方法
1. 讓孩子採取舒適的躺姿，一邊聽著音樂，一邊闔上雙眼，讓全身放到最輕鬆。
2. 深呼吸的同時，專注精神於身體各個部位，想像自己正被一把大型的放大鏡掃描身體的各個角落。
3. 想像用放大鏡從腳尖掃描到頭頂，同時專心感受身體各個部位的感覺。例如，從腳趾→腳背→膝蓋→大腿→腹部→胸口→肩膀→手臂→手腕→手背→手指→脖頸→臉龐→頭頂，由下向上感受身體的感覺。

4. 換個方向掃描。想像用放大鏡從頭頂掃描到腳尖。

5. 留意吸氣和吐氣時，身體各部位的感受有何不同。

6. 結束身體掃描後，稍微活動身體，喚醒身體。

7. 起身後，親子一起坐下，互相說說自己的感受。

● **遊戲效果**

★ 有助於消除日常生活的壓力。

★ 將注意力輪流放在各個部位，深刻感受身體發出的感覺。

★ 增強思考力、記憶力，問題解決力，有助於認知發展。

● **培養孩子可能性的訣竅及應用**

　　由於是闔上雙眼，平躺進行的活動，可以關燈或拉上窗簾，降低室內的照明，讓房間的氣氛變得安靜、舒適。即使孩子中途睡著，也別叫醒，讓他舒服睡個20到30分鐘。

發展淺談　冥想降低孩子的壓力

　　説到「冥想」，容易使人聯想起閉目修道的某種宗教活動。其實，孩子也能輕鬆進行冥想。尤其「正念（Mindfulness）冥想」，講究專注於當下的瞬間，觀察自己的身心靈，體會身體每一瞬間出現的感覺。

　　在美國的醫院，這套「正念冥想」法被運用於心臟疾病的治療與紓壓課程，並已被證實有其效果。「正念冥想」相當簡單，只要感受與覺察「原來我是這麼想的！」或「原來是這種感覺！」後全然接受即可。

　　一項研究曾經以5歲幼稚園學童為對象，進行12次的「正念冥想」訓練，藉以調查效果。其結果顯示，比起未接受正念冥想訓練的學童，接受正念冥想訓練的學童較能應付日常壓力，對於逆境或困境的適應力（自我彈性）也較高。這是因為孩子在進行冥想課程時，達到呼吸與身體的舒緩，由此經驗達到身心靈舒適的狀態。同時，學習以言語表達自己的感覺與想法，得以控制自身負面感情。

　　若孩子承受極大壓力、注意力不集中、感到不安或抑鬱時，不妨和孩子一起進行冥想，説説自己的感受，必定有所幫助。

整合領域：社會、情緒、語言

表情解讀

☑提升解讀他人表情的社會技巧
☑學習透過表情表達自己的情緒

有時表情比話語更能傳達豐富的訊息。這是看著對方的表情，猜出其情緒的遊戲。

● **準備物品**

便利貼、原子筆、袋子（或小盒子）

● **遊戲方法**

1. 將各種孩子知道的情緒詞彙寫在便利貼上。例如：喜悅、幸福、生氣、難過、害怕、驚嚇、慌張。

2. 將【步驟1】的便利貼折半，蓋住文字，再放進袋子裡。

3. 媽媽和小孩一起抽出一張便利貼。再將抽出的便利貼攤開，貼在孩子額頭上（不能讓孩子看見上面的字）。

4. 媽媽以表情做出便利貼上的情緒，讓孩子猜。孩子要試著看媽媽的表情，猜猜是什麼情緒，並猜想在什麼樣的情況下會做出那樣的表情。

★ 提升解讀他人表情的社會技巧。
★ 透過遊戲練習用表情表達自己的各種情緒。

● 培養孩子可能性的訣竅及應用

　　如果孩子不容易利用表情來表達情緒，可以剪下雜誌或照片上的各種表情，製作情緒卡片來玩遊戲。蓋上各種情緒卡片後，由其中一人翻開一張，並在看過卡片後，做出和卡片上類似的表情，並由其他人猜猜是什麼情緒。

發展淺談 善於解讀表情，學業成績也較好

　　一項研究檢測5歲幼兒的情緒知識。第一項任務是讓幼兒聆聽關於喜歡、喜悅、難過、生氣、嫌惡、害怕、羞恥等情緒，再做出對應各種情緒的表情。第二項任務是看著表情，說出情緒的名稱。4年後，也就是受測者9歲的時候，由教師從積極性（開啟對話、易與他人交友）、合作精神（按部就班完成任務、維持周遭的整潔）、自我調節（與同儕衝突時控制情緒、適當回應朋友的推擠或攻擊）、過度行為（注意力分散、不專心）、內在問題（孤單、難過或憂鬱）、外在問題（易怒、易與他人爭吵打架）等方面，為孩子的社會性行為評分，並評鑑其學業成就度。

其結果顯示，5歲時情緒知識分數較高的孩子，出現較多正面的社會性行為，學業成績也較高。其原因在於當孩子缺乏情緒知識時，便無法與教師建立正面關係。如果孩子無法與教師親密相處，建立友好關係，孩子將與教師漸行漸遠，當教育上的互動隨之減少，教師對孩子的期待也逐漸低落。此外，缺乏情緒知識將無法與同儕建立良好關係，這對孩子的鬥志、注意力及渴望讀書的動機，都會帶來負面影響。

整合領域：社會、情緒、語言

認識朋友的遊樂園

☑ 透過互動，提升表達力
☑ 學習在遊戲中遵守規則

最適合孩子結交新朋友時，好好了解彼此的遊戲。

● **準備物品**

厚紙板、筆、4種顏色的貼紙、
圍棋子2顆、骰子、2種顏色的便利
貼各14張（或28張索引卡）

● **遊戲方法**

1. 在14張相同顏色的便條紙上，寫下「自己的問題」，在另一種顏色的14張便條紙上，寫下「朋友的問題」。不妨提示孩子從以下建議去發想，如最喜歡的顏色（或食物、遊戲、玩具、衣服、電視節目、動物、場所、季節）、最想收到的禮物、願望、最拿手的事、最討厭的東西（或食物、季節、場所）、長大後想當什麼等。若孩子還不會寫，請大人務必給予協助。

2. 將4種顏色的貼紙混合均勻，貼在厚紙板上，完成30格左右的彎曲路線（參考圖示）。在左下角寫上「出發」，路線結束的地方寫上「抵達」。

3. 擲出骰子，數字最大者先從「出發」開始走，依照擲出的點數移動棋子，視棋子停止處的顏色來決定動作（如果孩子還不識字，由媽媽代替念出問題）。例如：

紅色→抽出一張自己的問題，並自己詳細回答。
藍色→抽出一張朋友的問題，由朋友詳細回答。
黃色→稱讚朋友一次。
綠色→再丟一次骰子。

4. 最先抵達終點的人獲勝。

● **遊戲效果**

★ 在遊戲過程中更加了解自己和朋友。

★ 學習「如何在遊戲中遵守既定規則」。

★ 練習以話語表達自己的想法，提升表達能力。

● 培養孩子可能性的訣竅及應用

　　孩子結交新的朋友時，最適合玩這個遊戲。有時，可能會遇到不容易回答的問題，不過，透過思考後再以口頭回答的練習，將有助於了解自我。當然，和孩子一起設計遊戲圖板也不錯。

發展淺談　解讀表情可以練習

　　根據研究，解讀表情、做出表情都能夠藉由訓練而習得。一項研究要求小學生每30分鐘練習一次解讀表情，並自行練習「根據臉上細微特徵」做出表情。隨著練習的進行，孩子大約在第6次的練習後，已具備正確解讀表情中細微特徵的能力。孩子會開始關注臉上眼睛的部分，並能從幸福的表情中看見嘴角的變化。

　　在能夠正確解讀表情後，尤其女孩的不安感減少，自尊心提高。建議可利用照片或雜誌、繪本中主角的表情，進行解讀情緒的練習。讓孩子嘗試看著表情說出情緒名稱，並談談一般人在什麼情況下會出現那種表情。

整合領域：社會、情緒、藝術、語言

感受名畫中的情緒

☑ 理解他人情緒和自己可能不同
☑ 培養想像力和問題解決的能力

在欣賞名畫的同時，體驗從名畫中感受情緒的遊戲。既可欣賞名畫，又可提高表達能力，一舉兩得。

● 準備物品
孟克〈吶喊〉圖 〈吶喊〉圖

● 遊戲方法
1. 在網路搜尋孟克〈吶喊〉。
2. 觀察畫裡的氣氛和主角的表情，提出推測情況的問題。例如：這裡是哪裡？／圖畫中畫了什麼？／畫中人物正在做什麼？／為什麼做出這樣的表情？／發生了什麼事情？／在這之後，可能會發生什麼事情？
3. 提出用以理解主角情緒的問題。例如：主角的心情如何？／為什麼覺得是那種心情？／畫這幅畫的時候，畫家心中正想著什麼？／主角發生了什麼事？／如果你是主角，在這種情況下會是什麼樣的心情？

4. 讓孩子想像自己站在主角立場，說出心中的感受。例如：我有過和這位主角的心情一樣的時候嗎？／如果有，那是什麼時候？／出現那種心情的時候，我做了什麼事情？／如果沒有，以後有可能出現那樣的心情嗎？／遇到時，我該怎麼做才好？

● 遊戲效果

★ 透過帶入情感，理解自己和他人的情緒，即使一樣的狀況下，他人的情緒也可能和自己的不同。

★ 將個人情感帶入名畫中的主角，體驗包含負面情緒在內的各種情緒。

★ 說明情緒的語言表達更加豐富。

★ 培養想像力和問題解決能力。

為什麼這個人要做出這種表情？

● 培養孩子可能性的訣竅及應用

　　向孩子介紹孟克〈吶喊〉圖的圖畫名稱與作者。談談顏色和感受，例如「如果圖畫的背景顏色改變，感覺會不一樣嗎？」「畫家為什麼使用這種色調？」等。此外，也可以讓孩子化身為名畫中的主角，試著編造故事，並為新的故事命名。【編註：〈吶喊〉（Skrik，或譯為〈尖叫〉）繪於1893年，是挪威表現派畫家愛德華‧孟克（Edvard Munch）的代表作之一。畫面主體是在血紅色調下的一個極其痛苦的表情。血紅色的背景源自於1883年印尼喀拉喀托火山爆發時，火山灰把天空染紅的畫面，呈現從厄克貝里山上俯視的奧斯陸峽灣的視角。】

037

發展淺談 社會退縮的孩子

當孩子消極且容易害羞，擔心失敗或受到責難，因而逃避與他人接觸的社交情況時，稱為「社會退縮（social withdrawal）」。社會退縮的孩子對自己缺乏了解，對同儕關係可能失敗而感到擔憂和緊張，對悲傷等負面情緒的感受更強烈。此外，這些孩子逃避社交情況，自我萎縮，缺乏在形成親密關係上所需的社會技巧，不能確實掌握同儕的要求。

由於無法按照同儕的期待行動，導致遭同儕忽略或排擠。最後，又限縮了重新學習社會上適當行為的機會，形成惡性循環。孩子的退縮行為是發展出現問題的訊號，不過社會退縮的孩子幾乎不惹事生非，因此沒有表現出來。為了及早發現孩子的問題、教導其社會技巧，有必要好好觀察。

整合領域：社會、情緒、語言

情感溫度計

☑ 從認知上思考自己的心情狀態
☑ 學習調節情緒，而非立刻生氣

這是以數字來呈現負面心情的遊戲。由於必須先思考我的心情，再以數字說出來，可以練習調節情緒。

● **準備物品**

A4紙、色紙（紅色、橘色、黃色、綠色、藍色）、簽字筆、剪刀

● **遊戲方法**

1. 將A4紙折成5等分。從5等分中最下面的一格，分別貼上綠色、藍色、黃色、橘色、紅色的色紙（或塗上顏色），並寫上數字1到5。

2. 在數字旁寫上對心情的簡單說明，並畫出該情緒的表情。

①綠色：喜悅、幸福／幸福表情的臉
②藍色：沒有情緒、沒事／沒有表情的臉
③黃色：稍微生氣（厭煩）／有點生氣的臉
④橘色：非常生氣（厭煩）／非常生氣的臉
⑤紅色：太煩了、即將暴怒／極度生氣的臉

3. 說說自己從①到⑤的情緒經驗，及在各階段能讓心情好轉的方法。如「獨處」「告訴媽媽」「深呼吸」「數數」「讀繪本」「聽振奮人心的音樂」「畫圖」「吃喜歡的零食」「散步」「騎自行車」「跳舞」等。

⑤暴怒瞬間		😠
④非常生氣		🙁
③有點煩		😕
②沒事		😐
①幸福		🙂

● **遊戲效果**
★ 從認知上思考自己的心情狀態。
★ 學習如何判斷與調節自己的情緒水準，而非立刻生氣或感到厭煩。

● **培養孩子可能性的訣竅及應用**
　　對於年紀較小的幼兒，可以將5階段改成3階段（①心情好、幸福／②沒事／③生氣、厭煩、難過）。平時練習以數字來表示心情，尤其當孩子在④、⑤號時，請多留心孩子為什麼心情不好，並試著陪他尋找能讓心情好轉的方法。

發展淺談 遊戲時感受到的情緒

　　一項研究是觀察5歲幼兒在自由選擇遊戲的情況下，感受到的基本情緒：喜悅、有趣、生氣、難過。受測者出現最多的情緒是喜悅（52.8％），接著是有趣（40.1％）。生氣（4.7％）和難過（2.4％）的比例雖然低，卻也占了一定比例。透過這項研究可以知道，當孩子選擇自己真正喜歡的遊戲玩，因此喜悅和有趣的情緒占了90％。

　　比起獨自玩遊戲，孩子和朋友在一起的時候，表現出更強烈的喜悅。在數字運算或語言領域等獨自遊戲的情況下，孩子表現出的有趣和成就感更勝喜悅。喜悅可以視為和朋友相互溝通的一種型態，而有趣則是在情緒表現出來之前，專注於某件事的狀態下出現。此外，在沒有教師的情況下，孩子和朋友相處時更常表現出情緒。

整合領域：社會、情緒、語言、探索

今天的心情

☑ **思考及表達當下心情狀態**
☑ **練習表達各式各樣的情緒**

透過將心情比擬為天氣的遊戲，了解每天不一樣的各種天氣變化與心情狀態。每個星期整理一次，檢查孩子每天的心情如何變化，也相當有趣。

● **準備物品**
圖畫紙、色紙、剪刀、麥克筆、蠟筆、膠水、貼紙

● **遊戲方法**

1. 和孩子聊聊心情的種類，並嘗試用不同的天氣符號表示心情，例如：喜悅是出太陽、難過是下雨天、傷心是烏雲（陰天）、生氣是打雷、害怕是閃電。
2. 在色紙上畫出出太陽、下雨天、烏雲（陰天）、打雷、閃電，並在塗上顏色後，以剪刀裁剪下來。
3. 將圖畫紙剪成一個大圓，分成五等分後，貼上出太陽、下雨天、烏雲、打雷、閃電的圖案，並寫上簡單說明。

4. 利用磁鐵將塗畫紙貼在冰箱上。

5. 每天晚餐時，將貼紙貼在符合當天心情的天氣上。

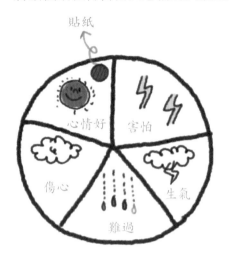

● **遊戲效果**

★ 每天都能思考及表達當下的心情狀態。

★ 讓孩子有機會練習表達各式各樣的情緒。

● **培養孩子可能性的訣竅及應用**

　　起初孩子可能不易將自己的心情比擬為天氣，這時請先由爸爸、媽媽示範，再讓孩子跟著練習。當孩子熟悉遊戲後，便能試著表達自己的心情，並進一步說出原因。

043

發展淺談 孩子在英文補習班和幼稚園承受的不同壓力

　　某項研究指出，幼稚園學童承受朋友壓力的時間，正是與同儕互動最頻繁發生的自由活動時間。孩子通常在以下情況中承受壓力：彼此使用玩具的方法大不相同，因而產生爭執或搶奪玩具的時候、想要一起玩的朋友正在玩其他遊戲，只好自己玩遊戲的時候。儘管4到5歲是社會性開始發展，與他人合作遊戲的次數增加的階段，不過同時也經歷到與朋友之間的衝突，孩子因此承受壓力。

　　反之，上英語補習班的學童通常由於以下原因承受壓力：因同年級生較少而缺乏可以一起玩的朋友、經常拿自己的外貌開玩笑的朋友、搭補習班娃娃車不守秩序的朋友、上課時想要在遊戲或答題上贏過其他同學的好勝心。補習班特性在於以小班教學強化學習效果，並且大部分唯一強調的就是學習，孩子在缺乏朋友，又必須和其他人競爭的環境，通常會感到不小的壓力。

整合領域：社會、情緒、語言

小天使遊戲

☑ 了解善待他人，自己也會感覺幸福
☑ 猜測小天使真面目，享受猜謎樂趣

義大利文的manito是指「祕密朋友」或「守護天使」。遊戲中，小天使必須默默幫助對方，向對方表示最大誠意。利用這個機會，當個樂心助人的祕密朋友。

● **準備物品**

紙、筆

● **遊戲方法**

1. 這是需要好幾個人一起玩的遊戲。參與遊戲的人要將自己的名字各自寫在紙上。
2. 將寫有名字的紙張混合均勻後，一個人抽出一張。抽到自己就再重新抽一次。不論抽到誰，都只有自己知道。
3. 抽出對方的名字後，在一到兩天（或約定好遊戲的時間長短）內無條件對對方好，不可以讓任何人知道。
4. 遊戲時間結束後，再來互相公布自己是誰的小天使。

● **遊戲效果**

＊了解善待他人的同時，自己內心也變得幸福。
＊猜測誰是自己的小天使，享受猜謎的小樂趣。

● 培養孩子可能性的訣竅及應用

　　如果玩家人數太少，立刻就能猜出誰是小天使，所以玩家越多越有趣。也可以在過年、寒暑假等親戚會聚會的時候，各自準備一個小禮物，像小天使遊戲一樣抽出名字，將自己的禮物送給對方，或事先得知小天使是誰，再為自己小天使準備一份禮物等，都是有趣的遊戲方法。若要送禮物的話，最好先規定禮物價格的上下限。

發展淺談 適應力越強越容易因朋友拒絕而感受壓力

　　某研究曾分析5歲的幼稚園學童日常生活中的壓力。各種壓力中，最會讓孩子自尊心受傷的情況正是「無法加入朋友的遊戲」。此外，可以發現適應力越強的孩子，被同儕朋友的遊戲拒於門外時，承受的壓力更大。這是因為孩子越是適應幼稚園，越能與更多朋友形成意義較大的關係，一旦受到同儕朋友拒絕，自尊心便越感低落。

這項結果顯示，對於這個時期的孩子而言，與同儕朋友的關係是非常重要的成長課題。因此，如果是不擅長交朋友的孩子，就需要安排他們與擅長交友的同儕一組，或直接教導他們交友的重要技巧。

整合領域：社會、情緒、語言

贈送感恩券

☑ 培養去理解他人處境的角色取替能力
☑ 體驗讓別人開心，自己也能跟著開心

親手製作感恩券，向他人表達感謝的遊戲。

● **準備物品**

A4紙、簽字筆、蠟筆、色鉛筆、剪刀、
真正的優惠券

● **遊戲方法**

1. 利用手邊取得的優惠券，和孩子討論什麼是優惠券，又該如何
   使用。例如：帶著優惠券去店家，就可以拿到免費的小禮物或
   提供額外的服務。

2. 嘗試思考送什麼樣的優惠券，會讓爸爸、媽媽或兄弟姐妹感
   到高興。例如：給兄弟姐妹「玩具1日任意使用券」「心願
   達成券」「負責家事交換券」「一起玩使用券」「自由使用
   券」……。給爸爸媽媽「關掉電視券」「按摩10分鐘券」
   「跑腿券」「準備與收拾碗筷券」「打掃券」「親親抱抱
   券」「整理鞋櫃券」……。

3. 將A4紙折成寬2格、長4格的樣子。每一格內畫出要給父母或
　 兄弟姐妹的優惠券。
4. 以剪刀裁剪優惠券，每當想表達感謝的時候，就送給父母或兄
　 弟姐妹一張，供他們使用。

🚗	玩具1日 任意使用券	🌸	心願達成券
😊😊	按摩10分鐘	❤️	親親抱抱券
👢	跑腿券	😊	整理鞋櫃券
📺	關掉電視券	🍔	自由使用券

● **遊戲效果**

★ 嘗試思考收到優惠券的人喜歡什麼東西，由此可以培養理解
　 他人處境的角色取替能力。

★ 體驗讓別人開心，自己也會跟著開心的心情。

● **培養孩子可能性的訣竅及應用**

　　不只是家人，朋友之間也可以使用感謝優惠券（例如：
玩具交換券、邀請朋友來玩券）。優惠券形式沒有限定，可
以是各式各樣不同功能的，也可以是只有一張但功能很多種
的優惠券。

發展淺談 憂鬱母親無法辨別孩子討厭的表情

　　曾針對家有5歲子女的母親為研究對象，檢測她們的憂鬱程度與解讀子女表情的正確度，並觀察孩子的社會退縮行為。其結果顯示，憂鬱程度越嚴重的母親，越是無法正確解讀討厭的表情，子女社會退縮的程度越高。當母親無法正確辨識討厭表情，對孩子的情緒狀態或欲望便不夠敏感，自然無法對孩子的要求做出適當的反應，以致孩子缺乏自信，表現出退縮的行為。

　　另外，在這項研究中顯示，憂鬱的母親倒是能正確辨識難過的表情，對孩子難過的表情越敏感，越可能無條件接受孩子的要求，或反過來以不適當的教育手段或試圖以高壓解決。這些教育手段可能影響子女的社會退縮行為。可見這項研究明確提醒了家長，若孩子出現社會退縮的行為或現象時，需要接受情緒解讀教育的可能是母親，而非孩子。

整合領域：語言、探索

互相稱讚

☑ 為了找到他人優點而練習觀察人
☑ 獲得稱讚會使孩子的自信心提升

利用這個找出家人或朋友的優點，互相給予稱讚的遊戲，在彼此稱讚的同時，還能發現自己所不知道的優點，心情也會跟著開心起來。

● **準備物品**

無

● **遊戲方法**

1. 先稱讚孩子。例如「今天幫了妹妹忙，是盡責的哥哥」「吃飯知道要細嚼慢嚥」「不用大人叫，就自己早早起床」「哇，你主動整理了玄關的鞋子」。

2. 接著，讓孩子說說獲得稱讚時的心情。

3. 告訴孩子，稱讚是找出那個人的優點再說出來，並和孩子一起練習尋找可以稱讚的人。例如「爸爸／工作很忙還空出時間和小勇玩」「媽媽／生動活潑地念繪本給小勇聽」「妹妹／乖乖吃飯」「小勇／認真聽別人說話」等。

4. 選定一天中的某個時間，家人之間互相稱讚。

媽媽做的炒年
糕真好吃

小敏吃飯細
嚼慢嚥

小勇真棒，
會認真聽人
說話

爸爸很認真
和我玩

● 遊戲效果

★ 為了要稱讚他人，必須更留心觀察。

★ 聽到連自己也不知道的稱讚（優點），不但心情愉快，自信
　心也隨之提高。

● 培養孩子可能性的訣竅及應用

　　起初大人或孩子還不熟悉稱讚時，可能會覺得尷尬，不
過，當孩子有了聽到稱讚而心情愉快的經驗後，將會逐漸熟
悉稱讚。不只是孩子，大人聽見稱讚時，心情也會愉快起
來。家人間不妨養成經常稱讚彼此的習慣。

發展淺談 同樣的稱讚，不同年齡有不同效果

　　即使是使用同樣的話語來稱讚，但面對不同年齡的孩子，效果並不會一樣，有時可能會造成反效果。根據研究結果，孩子在2、3歲左右的年幼階段，任何稱讚都有好的效果。因為他們對稱讚照單全收。然而當孩子的認知開始發展，懂得思考稱讚者的動機和看不見的心理時，孩子可能不再對稱讚照單全收。

　　到了小學左右的年齡，就已經懂得分析稱讚，因此過度的稱讚反而可能帶來反效果。在5歲階段，稱讚的效果可能隨孩子的認知水準而不同，必須審慎觀察孩子如何接受稱讚。

整合領域：社會、情緒、身體

「我說」遊戲

☑ 培養聆聽指令，集中注意力的能力
☑ 提高懂得適時調整的自我調節能力

玩這個遊戲時，必須仔細聆聽指令才能進行，是最能幫助孩子提高注意力的遊戲。

● 準備物品

無

「我說，把雙手舉到頭上！」

● 遊戲方法

1. 玩家圍成一圈，站著看著彼此。
2. 抽出當鬼的人。
3. 由鬼下達指令，只有出現「我說」的指令，才可以跟著做。如果指令中沒有「我說」但其他人跟著做了，就換這個人當鬼。例如「我說舉起左手。右手也舉起來」「我說舉起左手。放下左手」「我說放下雙手。我說兩隻手都向上舉」「我說抖動兩手。停」「我說拍一下手。我說拍兩下手。拍五下手。再拍一次」。

● 遊戲效果

★ 培養仔細聆聽指令，集中注意力的能力。

★ 提高必要時可以適度調整自我行動的自我調節能力。

● 培養孩子可能性的訣竅及應用

　　熟悉這個遊戲後，可以再調整遊戲的難度。由兩個人當鬼，輪流下達指令，讓遊戲更複雜一些。此時，遊戲變得更難，需要更多注意力。

幼兒發展淺談　稱讚孩子的方法

　　史丹佛大學研究團隊針對稱讚進行長達30年的追蹤研究，從而提出以下稱讚的方法。

★ **真心、具體地稱讚**：聽到過於頻繁的稱讚或毫無誠意的稱讚，孩子自然知道稱讚不是真心，認為大人沒有好好認識自己，或只想操控自己。

★ **針對孩子可以改變的特性稱讚**：針對孩子難以改變的能力或才能給予稱讚時，孩子將害怕失敗而畏懼挑戰。請稱讚孩子的「努力」，而非「能力」。

★ **依實際可達到的水準，給予稱讚**：過猶不及的稱讚（例如「沒看過這麼會畫圖的孩子」）將會造成孩子的負擔。務必聚焦於值得稱讚的具體行為（例如「給葉子塗上了不同的顏色，樹木也畫的好漂亮」）反倒效果更好。

★ **避免稱讚太容易達到的結果**：當因為毫不足道的事情受到稱讚，孩子反倒會認為自己被小看了。

★ **避免稱讚孩子已經喜歡的事情**：例如孩子每次吃自己喜歡的蔬菜時，便給予稱讚或獎勵，孩子將逐漸討厭該蔬菜。

★ **避免刻意和他人比較的稱讚**：和他人比較的這種稱讚，無形中教導孩子競爭才是目標，一旦表現不如他人，就可能失去努力的動機。

整合領域：社會、情緒、探索

藍旗白旗

☑ **提高專注於指令並記憶的能力**
☑ **增強能快速動作的瞬間爆發力**

利用藍旗白旗進行簡單又有趣的遊戲，培養孩子的專注力和調節能力。

準備物品

樹枝（或長筷子）、藍色和白色的色紙、透明膠帶

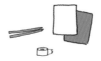

遊戲方法

1. 用透明膠帶將白色色紙貼在一根樹枝上，另一根樹枝貼上藍色色紙，製作白旗和藍旗。

2. 玩家面對面，由其中一人下達指令，另一人依照指令舉旗。例如：藍旗舉起來、白旗放下來、藍旗放下來、旗舉起來、藍旗不要放、白旗舉起來、藍旗白旗放下來……。

3. 進行10個指令之後，角色對換，改由上一輪舉旗的人下達指令。

● 遊戲效果

★ 提高專注於指令並記憶的能力，也包含自我調節能力在內的執行功能。

★ 增加快速動作的瞬間爆發力。

● 培養孩子可能性的訣竅及應用

在開始遊戲前，先確認孩子是否知道「藍旗」和「白旗」的意思。接著再下達指令，一開始先放慢速度，讓孩子可以跟上，等熟悉遊戲之後，再稍微加快下達指令的速度。

等孩子完全掌握藍旗白旗遊戲後，改變遊戲規則，要做出與指令相反的動作。例如：聽見「藍旗舉起來」的指令後，要放下藍旗。

發展淺談 執行功能的發展

在4到5歲左右發展的各種重要功能中，有一個是「執行功能（Executive Function）」。執行功能又叫「管控功能」「高級認知功能」，主要掌管設定計畫、做出決定、專

注精神、記憶指令、調節衝動與情緒、同時進行多種作業、從失敗中學習的能力，在刷牙漱口、準備上幼稚園的過程等日常生活中，都應用到執行功能。不僅如此，在學習新知或與他人維持良好的社會生活上，也需要執行功能。為了讓這種執行功能確實發展，以下三種腦部功能也必須發展成熟才行，即工作記憶力（working memory）、心智彈性（mental flexibility）、自我控制（self control）。

★**工作記憶力**：又稱為短期記憶力，是在相當短的時間內維持（記憶）資訊，同時進行某種作業的能力。例如記住上一人說過的內容，添加相關的故事，或聽寫單詞，都需要工作記憶力。

★**心智彈性**：是在規則改變或要求變更時，能視情況快速改變注意力的能力。例如首先要求以顏色分類相同的卡片，再改以大小分類時，能夠隨著分類規則的改變而快速調整。

★**自我控制**：是指決定優先順序，壓抑衝動的行為或反應的能力。這可以透過著名的棉花糖實驗了解，幼兒為了吃到兩顆棉花糖而忍耐，不立刻吃掉棉花糖，也是自我控制的一個案例。

整合領域：社會、情緒、身體、探索

號誌遊戲

☑ **有助於發展行為調整能力**
☑ **培養聽從指令、規則能力**

利用改變熟悉動作的遊戲，可訓練行為調整能力。

● **準備物品**

各種顏色的圖畫紙，例如：橘色、紫色（盡量避開接近實際紅綠燈號誌的顏色）

● **遊戲方法**

1. 猜拳輸的人扮演號誌，另一人自由走動。

2. 扮演號誌的人舉起橘色圖畫紙時，必須停止所有動作。舉起紫色圖畫紙時，可以自由走動。

3. 橘色圖畫紙表示暫停，紫色圖畫紙表示繼續，等熟悉這個規則後，再改變規則（橘色表示繼續，紫色表示暫停）。

4. 該停止的時候繼續走動，或該走動的時候停止的人，就要變成扮演號誌的人。

遊戲效果

★ 做出與熟悉的動作或規則相反的行為，有助於發展行為調整能力。

★ 提高集中注意力、聽從指令、記住規則的能力。

培養孩子可能性的訣竅及應用

　　這個遊戲就像〈我說遊戲〉一樣，都需要仔細聆聽指令再行動。這個遊戲更困難的地方，是必須看著顏色動作，而不是聆聽指令，等孩子熟悉遊戲後，也可以將顏色替換為圖形。例如一開始圓形代表繼續，三角形代表停止，之後再改變遊戲規則，圓形代表停止，三角形代表繼續。

幼兒發展淺談　執行功能發展出現問題時

　　執行功能發展於大腦的前額葉部位，從4、5歲開始發展，是與日後學業成就有著密切關係的能力，因此從幼兒期開始，就必須特別留意執行功能的發展。幼兒期執行功能的發展較遲緩時，可能出現以下的現象：

★**無法好好回答問題**：當執行功能出現問題時，連不久前聽見的問題都可能忘記，導致無法好好回答問題。

★**容易放棄**：無法按照自己的想法堆積木時，或是美術課上做不出想要的作品時，選擇直接放棄，而非修正計劃。

★**忘記接著該做的事**：拿著沒有擠上牙膏的牙刷四處走，或在幼稚園舉手回答問題，卻忘了自己要説什麼。即使是像穿衣服一樣簡單的事，也要花上一段時間，經常忘東忘西。

★**忘記各階段的指令**：下達數個階段的指令，例如「整理好玩具後洗手，再來幫忙準備晚餐」時，立刻忘記所有指令，不知道該做什麼。

整合領域：社會、情緒、身體、探索

頭－腳－肩－膝

☑ 有助於提升記憶力與注意力
☑ 有助於行為調節與自我調節

這個比藍旗白旗遊戲稍微複雜的自我調節遊戲，已經經過研究證實其效果。閒暇時，不妨多和孩子玩這個遊戲，培養孩子的自我調節能力。

◉ **準備物品**
無

「摸頭」

◉ **遊戲方法**

1. 第一階段下達最簡單的指令，例如「摸頭（或腳／肩膀／膝蓋）」。
2. 第二階段將頭和腳互換，也就是「說摸頭（腳）」時，要做摸腳（頭）的動作」。
3. 第三階段將肩膀和膝蓋互換，也就是「說摸肩膀（膝蓋）時，要做摸膝蓋（肩膀）的動作」。
4. 等到孩子能夠跟上第三階段後，第四階段要將頭／腳和肩膀／膝蓋混合使用。例如：摸膝蓋（改摸肩膀），摸腳（改摸頭），摸頭（改摸腳），摸肩膀（改摸膝蓋）。

● 遊戲效果

★由於必須記住遊戲規則（聆聽指令後，做出與指令相反的動作），因此有助於記憶力與注意力的提升。

★由於要做出與指令相反的動作，有助於行為調節與自我調節。

● 培養孩子可能性的訣竅及應用

　　等孩子遊戲上手後，可以改成更複雜的規則，例如頭／膝蓋和肩膀／腳。起初聽見「摸頭」就摸頭，之後將規則改成頭／腳和肩膀／膝蓋，再改成頭／膝蓋和肩膀／腳。遊戲雖然簡單，卻能有效提升孩子的注意力和工作記憶、執行功能。

幼兒發展淺談　如何幫助執行功能有問題的孩子？

　　為了幫助這個時期孩子執行功能的發展，可嘗試各種有助於發展執行功能的遊戲，例如前面介紹的〈我說遊戲〉〈藍旗白旗〉〈號誌遊戲〉等。除此之外，以下各種方法也有助於組織孩子的生活。

★**訂定日程與使用檢查表**：對於執行功能發展低落的孩子和父母而言，即使是每天一早準備上幼稚園的稀鬆平常的事，也像是戰爭一樣。試著將起床後到出門前必須完成的事情細分（盥洗→吃早餐→換衣服→帶上幼稚園書包），製作檢查表，方便孩子跟著檢查表執行。

* **善用聯絡簿和朋友**：每天檢查孩子的聯絡簿，並事先掌握朋友的聯絡方式，以便有不確定的問題可以詢問。執行功能發展遲緩的孩子，很可能沒確實寫好聯絡簿，或記不住老師說過的話。因此，最好事先掌握能確實詢問幼稚園聯絡事項的其他朋友的聯絡方式。

* **利用獎勵**：就像學習識字或培養閱讀習慣一樣，在開始學習新的技術時，不妨善用貼紙或給予獎勵。當然，如果一舉一動都給予獎勵，孩子便可能在沒有獎勵時不肯行動，或與父母討價還價，因此必須謹慎使用。不過，在養成習慣的最初階段，適時使用獎勵可獲得相當的效果。

整合領域：社會、情緒、身體、語言

拉繩疊杯子

☑ 培養孩子團隊合作的精神
☑ 培養人際應對的溝通能力

藉由這個能多人同時培養合作精神，有效累積團隊經驗的遊戲，觀察孩子與他人合作的過程。

● **準備物品**
橡皮筋、繩子（約60公分）、
塑膠杯6個（容量約500毫升）

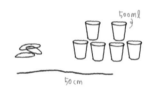

● **遊戲方法**
1. 將繩子分成4等分，並以橡皮筋綁起。
2. 四人各自拉開繩子，將橡皮筋撐開後，移動至第一個塑膠杯，以橡皮筋夾起。
3. 以相同方法移動6個塑膠杯，疊成尖塔的形狀。禁止以手觸摸自己繩子以外的其他玩家的繩子、塑膠杯或橡皮筋。

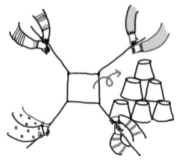

◉ 遊戲效果

★ 培養團隊合作的精神。

★ 為共同目標合作時，可以培養溝通能力。

◉ 培養孩子可能性的訣竅及應用

可以兩人各抓住兩條繩子玩，或按照玩家人數增加繩子，各自抓著繩子完成塑膠杯的堆疊。起初將所有塑膠杯倒蓋，堆疊尖塔，等孩子熟悉遊戲後，也可以讓部分塑膠杯倒蓋、部分塑膠杯直立。

幼兒發展淺談　念書給年紀較小者聽可培養自信心

某項研究要求5歲幼兒為3歲幼兒朗讀繪本，每周一次，連續14周，結果發現受測者的閱讀興趣和自尊心皆有顯著提升。原因在於朗讀繪本的5歲幼兒與聆聽的3歲幼兒之間的能力差異，不如成人和孩子的差異那樣大，雖然5歲幼兒在教學技巧上較為生疏，卻對5歲和3歲幼兒都有所幫助。這是因為5歲幼兒教學技巧生疏，促使雙方共同解決問題，也因為年齡差異較小，水平互動更加頻繁。對於年齡較小的幼兒而言，不僅參與其中的機會增加，也能模仿與學習年齡較大幼兒的利社會行為（Prosocial Behaviors）。反之，對於年齡較大的幼兒而言，藉由認真為自己的角色負責，幫助幼小者，自己也從中油然升起自信和成就感。

整合領域：社會、情緒、身體

貼著屁股帶球走

☑ 練習互助合作與進行有效溝通
☑ 進行思考，提高問題解決能力

這個遊戲必須兩人屁股相對，緊緊貼在一起，才能順利完成。最適合孩子的朋友來家裡玩的時候一起玩。

● 準備物品
大的充氣球（或氣球）

● 遊戲方法
1. 兩人平行站立後，兩人一起用屁股夾住大球。
2. 在球不掉落的情況下，一起走向目標。過程中不可以用手觸碰球。
3. 如果手摸到球，或球掉了，就必須從起點重新開始。

遊戲效果

★ 同伴為了要互助合作，必須進行有效的溝通。

★ 思考不讓球掉落的方法，提高問題解決能力。

培養孩子可能性的訣竅及應用

如果有許多顆球或氣球，也可以多組一起進行遊戲。兩人的身高差異較大時，不容易夾穩球。反之，兩人的身高相近時，可以勾肩搭背或勾手，更容易搬運球。不過先別告訴孩子這個原理，試著觀察孩子解決問題的方法。如果有兩顆球，可以兩人各自大腿夾著球，牽手走向目標再返回。

幼兒發展淺談　受歡迎孩子的溝通策略不一樣

受歡迎的孩子有什麼不一樣？根據研究，依受歡迎程度將5歲幼兒區分為受歡迎兒童、一般兒童、不受歡迎兒童，分析他們在遊戲中的對話。從結果來看，受歡迎兒童的溝通策略和不受歡迎兒童不同。受歡迎兒童最常使用「說明」和「提議」的策略，而不受歡迎兒童最少使用「提議」和「接納意見」。

「說明」是指受歡迎兒童為了和一起遊戲的對象分享遊戲內容，經常說明自己正在做的事情，例如「我現在扮演牙醫」。「提議」則是針對遊戲提出建議，例如「我們來扮演媽媽吧」。除此之外，在扮家家遊戲中也經常使用「指

示」，例如「你是護士，所以坐在這裡」。這是因為受歡迎兒童經常要決定每個朋友的角色，指示所有人必須要做的事情。在積木遊戲中，受歡迎兒童的「問題」非常多。例如「這個要放下面才對。知道為什麼嗎？」他們為了信心滿滿地告訴他人自己的作品或自己選擇的方法，因而大量使用提問。

至於不受歡迎兒童在各種情況中，都沒有經常使用的共通策略。他們最少使用的是「接納意見」和「提議」。不受歡迎兒童處於跟隨而非主導的立場，自然不常提議，而對於受歡迎兒童和一般兒童提議的內容，也很少表現出積極肯定的態度，因此也較少接納他人意見。不受歡迎兒童若能參考受歡迎兒童的溝通方式，練習提出有用的建議或指示，用以帶領同儕、支持與接受同儕、說明等，必能與同儕建立良好的關係。

整合領域：社會、情緒、身體

四目交接

☑ 學習最基本的社會技巧
☑ 與他人產生親密的連結

透過四目交接來端詳彼此的內心，確認互相關愛的心意，以留住珍貴的時間。

準備物品

無

遊戲方法

1. 媽媽和孩子面對面坐下或站著，看著彼此的眼睛4分鐘。
2. 期間，媽媽和孩子任意聊天（主題不限，例如早上起床到現在做的事），並提醒孩子持續看著媽媽的眼睛。如果孩子避開眼睛，就重新開始計時。
3. 順序交換，由孩子說話，媽媽也看著孩子的眼睛。
4. 經過4分鐘後，雙方說說剛才心中的想法。

● **遊戲效果**

★ 可以藉由最基本的社會技巧——四目交接，來猜想或揣摩對方的心思。

★ 與對方四目交接，進而產生親密的情感連結。

● **培養孩子可能性的訣竅及應用**

　　起初彼此可能感到尷尬、難為情，不容易盯著對方眼睛看。不妨先縮短時間，練習靜靜看著彼此眼睛。4分鐘後，平時和孩子互相衝突而不曾感受到的親密感與愛情，將油然而生。試著交換對象，不只是親子之間，夫妻之間也應該預留四目交接的時間。

幼兒發展淺談　和孩子談戀愛的方法

　　根據一項社會心理學研究，即使是不認識男女，只要互相看著彼此的眼睛2分鐘，對彼此的好感就會增加。另一項研究也指出，一般人對話時，30%至60%的時間看著彼此的眼睛，至於相愛的戀人，四目交接的時間則增加至75%。當然，東方與西方不同，盯著對方的眼睛看，經常被認為是沒有規矩或不懂禮貌的行為。然而眼神確實能傳達無法用言語表達的心意。這是因為四目交接時，人體會產生名為「催產素（Oxytocin）」的愛情荷爾蒙。

「最近一次和孩子四目交接、盯著孩子看，是多久前的事情了？」在孩子年幼的時候，反倒經常看著孩子的眼睛，和孩子說話。如果想不起最近是否有好好盯著孩子眼睛看過，請立刻和孩子四目交接，哪怕不到4分鐘，只有2分鐘也好。看著彼此的臉，就能重新和孩子談戀愛，而不再只想對孩子發牢騷。

整合領域：社會、情緒、探索

大家來找碴

☑ 發展觀察力和記憶力
☑ 有助於創意性的提升

這個培養觀察力和創意性的遊戲，對孩子的記憶大有幫助。不僅如此，還有觀察事物的樂趣呢。

● 準備物品
無

● 遊戲方法
1. 兩人一組，仔細觀察對方的衣服、髮型、襪子等。
2. 接著各自向後轉，改變身上其中一項特徵。此時，只要稍微改變即可，盡可能讓對方察覺不出來。例如，脫下襪子、改變髮型、將襯衫扎進褲子裡。
3. 再次轉身看著對方，互相找出對方和之前不一樣的地方。

◉ 遊戲效果

★ 有助於觀察力和記憶力的發展。

★ 有助於創意性的發展。

◉ 培養孩子可能性的訣竅及應用

　　如果玩家較多，可以輪流交換配對，找出對方不一樣的地方，增加遊戲難度，也會更有趣。在兩位玩家外，如果還有負責裁判的人更好。

幼兒發展淺談　害怕失敗的孩子

　　想要挑戰的渴望稱為「動機」，然而設定目標的不同，動機的種類也不同。「精熟目標（Mastery Goal）」是渴望達成自行設定之標準的目標，目的在於一定程度提高自身的能力。帶著精熟目標的孩子，即使遭遇失敗，也願意挑戰新的目標，總是樂於學習新知。

　　有些孩子目標在拿下第一，或希望在他人面前表現出聰明的樣子，這種目標稱為「表現目標（Performance Goal）」。表現目標也可以細分為兩種類型，一種是希望看起來聰明伶俐的目標——趨向表現目標（Performance-Approach Goal），另一種是抱持「只要中間程度就好」的心態，逃避看起來愚笨的目標——逃避表現目標（Performance-Avoidance Goal）。帶著表現目標的孩子，更在意的是對失敗或錯誤的恐懼與羞恥，而非學習新知的樂趣，因此有迴避挑戰的傾向，而且只要失敗一次，便陷入灰心喪志之中，甚至嚴厲批判自己。

整合領域：社會、情緒、身體、語言

解開手環

☑ 讓不熟朋友之間變得親密
☑ 提高孩子的問題解決能力

在這個人越多越好玩的遊戲中，有機會和陌生的朋友變得
親密。

● 準備物品
無

● 遊戲方法

1. 所有人圍成圓圈，伸出右
   手抓住對方的右手。此時
   不可抓住左右兩邊玩家的
   手。

2. 接著伸出左手，抓住其他人的左手。一樣不可以抓住兩旁玩家
   的手。

3. 這時所有人的手已經纏繞在一起，在不放掉雙手的情況下解開
   纏繞的手。

遊戲效果

★ 即使彼此不熟的朋友，也能在抓住彼此的手、身體的碰撞中變得親密。

★ 提高孩子問題解決的能力。

培養孩子可能性的訣竅及應用

　　玩家至少應有3人以上，人越多越好玩。

幼兒發展淺談　媽媽與害怕失敗的孩子的互動

　　某項研究調查幼兒的動機與母親的互動。研究人員先讓幼稚園學童經歷失敗與成功後，將他們的動機予以分類。其結果顯示，帶有精熟目標（不害怕失敗，積極學習的目標）的學童為33%，帶有趨向表現目標（做到和他人一樣，或不吊車尾的目標）的學童約為40%，帶有逃避表現目標（比他人表現得好，或拿下第一名的目標）的學童約為27%。

　　另一方面，研究分析受測者和母親的互動，顯示比起帶有表現目標的孩子的母親，帶有精熟目標的孩子的母親在遊戲中更常使用「詢問意見」「勸誘」與「回饋」策略。反之，她們最少使用「指示」策略。在遊戲時更常表達情緒上的共鳴和愛情。

「回饋」是指母親對子女的話語或行為最小限度的反應，例如「沒錯」「好像不是那樣……」。光是讓孩子覺得媽媽關心自己，媽媽陪伴在身旁的行為，就有助於孩子具備精熟目標。

　　「詢問意見」是指詢問孩子的看法或意見，例如「有大張紙和小張紙兩種，你想要哪一種？」「你想要做出照片上的樣子嗎？」由此表現母親尊重孩子意見的態度，讓孩子體驗自律。

　　「勸誘」是母親要求孩子做到自己的期待，以委婉的口吻指示，例如「這個可以幫我放到那裡去嗎？」「讓我們來整理吧！」其實內容和「放到那裡」、「現在開始整理」的指示沒有太大區別，不過使用的是更溫和的語調。

　　精熟目標組的母親雖然比其他組的母親更頻繁使用勸誘，然而卻較少使用指示，這點特別值得關注。換言之，即使是相同的內容，傳達該內容的語氣尊重孩子與否，可能對孩子的動機帶來影響。

整合領域：社會、情緒、身體、探索

湯匙上堆骰子

☑ **有助發展合作的精神**
☑ **提升問題解決的能力**

這是可以兩個人一組，進行小組比賽的遊戲，能藉此學習合作精神。

● **準備物品**

骰子多顆、大湯匙2隻

● **遊戲方法**

1. 兩人一組，兩組一起競賽，或每次一組，計算挑戰時間。
2. 各組其中一人嘴巴咬住湯匙。
3. 另一人在1分鐘內在湯匙上堆骰子（堆最多骰子的一組獲勝）。

● 遊戲效果

★ 有助於發展孩子的合作精神。

★ 有助於提升問題解決的能力。

● 培養孩子可能性的訣竅及應用

也可以各自咬著湯匙，直接在自己的湯匙上堆骰子。如果想提高遊戲難度，可以闔上雙眼，在自己咬著的湯匙上堆骰子。

幼兒發展淺談 結交同儕的必備技巧

在幼稚園或遊戲區內，有些孩子經常不和同儕朋友玩在一起，自己一個人玩，或在朋友身邊走來走去，無法加入遊戲。其實進入同儕遊戲圈裡，並不如表面上看到的容易。對於過於害羞或不太說話的孩子，更加困難。根據研究結果，成功進入同儕團體有三個要點。第一，為了進入同儕團體，孩子要使用一連串的戰術。通常能成功進入同儕團體的孩子，起初選擇低危險的戰術，例如等待或在團體外觀望、獨自遊戲。接著往高危險的戰術前進，例如向同儕搭話或提問。第二，成功的戰術也可能存在被同儕拒絕的危險性。換言之，比起在一旁靜靜觀望的低危險戰術，向同儕搭話的戰術被同儕拒絕的可能性更大。第三，既不中斷自己正在進行的遊戲，又不讓孩子的注意力過於集中在自己身上，不著痕跡地進入同儕團體。

　　然而，不易進入同儕團體的孩子，難以從低危險戰術自然而然轉向高危險戰術。因為他們多數只懂得使用低危險戰術，例如在教室內踱步、盯著朋友看，或關注非玩具的其他事物，抓起來亂扔。一項研究針對不易進入同儕團體的孩子，教導他們下列包含低危險戰術（第1至4階段）和高危險戰術（第5階段）在內的5階段戰術，對於之後要加入同儕團體頗有效果。加入同儕遊戲圈的5階段戰術如下：

★**階段1**：走向朋友玩遊戲的地方。

★**階段2**：觀察朋友們的遊戲。

★**階段3**：準備玩具。

★**階段4**：在一旁玩同樣的遊戲。

★**階段5**：向朋友提出遊戲構想。先以「我們這樣玩吧，怎麼樣？」「就這樣玩吧」開頭，在説出自己的遊戲構想。此時利用小道具（玩具），為朋友的遊戲提供更完善的構想，特別有幫助。

整合領域：社會、情緒

黏貼便利貼

☑ 發展孩子的團隊合作精神
☑ 有助於提升問題解決能力

非常簡單的小組對決遊戲，遊戲開始後，所有人都會笑個不停。

● **準備物品**

便利貼、計時器
計時器

● **遊戲方法**
1. 兩個人一組，可多組一起遊戲。
2. 在1分鐘內將便利貼貼在同伴身上，貼最多的一組獲勝。

● 遊戲效果

★ 有助於發展合作精神。

★ 有助於提升問題解決能力的。

● 培養孩子可能性的訣竅及應用

　　可以比賽將便利貼貼在各自的臉或身上。如果沒有便利貼或便利貼貼不牢，也可以使用膠帶。貼完便利貼，計算好張數後，使彼此身上的便利貼數量相同，接著，嘗試不用手將便利貼摘除，也相當有趣。

幼兒發展淺談　遭受同儕霸凌兒童的特徵

　　某項研究以300名4到5歲幼兒為對象，調查同儕間的霸凌行為。調查結果顯示，這個年齡的同儕霸凌幸好並不頻繁。即便如此，遭受同儕霸凌兒童與母親有如下特徵。

　　第一，語言程度越低，同儕霸凌的程度越嚴重。語言程度低的孩子即使遭受霸凌，也沒有足夠的語言能力積極自我防禦或傾訴自己的委屈。也因為總是自己玩，即使遭受霸凌，也沒有可以求助的朋友，容易淪為霸凌的目標。

　　第二，具有攻擊性的孩子，或個性不安、退縮的孩子，遭受同儕霸凌的可能性相當大。具有攻擊性的孩子容易受到同儕的拒絕，因此可能遭受霸凌。個性不安、退縮的孩子容

易對社交關係感到害怕、不安，而努力逃避新的環境。他們不太參與團體活動，即使遭受同儕霸凌，也只能哭泣或選擇順從，無法採取適當的對應方法。因此，即使攻擊他們，他們也似乎不會還手，導致同儕霸凌的程度更加劇烈。

第三，對子女不關心的母親，其子女也很可能成為霸凌的對象。這類母親平時對於晚歸的孩子不聞不問，不知道孩子和誰一起玩、在哪裡，也不太告訴孩子自己在什麼地方。母親為子女規畫與決定遊戲場所與玩伴，是孩子在同儕關係中培養交友能力的重要條件，如果母親對子女毫不關心，甚至不肯發揮管理監督的功能，那麼孩子將難以培養交友能力，進而容易遭受霸凌。

最後，當教師與孩子的親密度越低，衝突的程度越嚴重，孩子就更容易遭受同儕霸凌。與教師關係不佳，其實也是孩子社會能力低落的另一項指標。

張博士，請幫幫我！

Q 我家孩子5歲，聽說有些孩子會做人格測驗、性向測驗。究竟什麼是人格測驗，什麼是性向測驗？這個時期非得做這個測驗不可嗎？

A 如果孩子正常穩健地成長，那麼就沒有非做不可的測驗。不過在孩子進入小學前或低年級時，接受一次發展檢測或智能測驗，倒也不是壞事。其中一個原因，是為了了解現階段孩子的認知或語言發展到什麼階段，及孩子的適性所在。不過最大的原因，還是在於獲得相關資訊，以便未來在教育、指導子女時，知道應留心什麼，或該加強培養哪一部分。

Q 我家孩子能一人分飾多角，自己拿著玩具乖乖玩。例如對娃娃說「你好，小熊！我是○○。我們要玩什麼？」我沒有教她玩過扮家家酒，真不知道她是看了什麼學的，還是天性使然？

A 扮家家酒本身是孩子在發展過程中，將學習到的內容反應在遊戲中，並非由大人教導才學會的。例如孩子想要扮演媽媽的角色，那麼必須先知道自己並非媽媽的事實，同時認知、情緒必須發展到一定程度，能區別媽媽的情緒和我的情緒才行。而能夠以言語表達媽媽這個角色的語言能力，也不可或缺。在這些發展基礎上，孩子於平時觀察到的內容，便以扮家家酒的形式呈現出來。看著孩子在扮家家酒中如實呈現媽媽說過的話、媽媽的口吻，便可知道經驗與環境對孩子的影響。

簡而言之，扮家家酒是發展的一個過程，呈現了孩子的發展程度與孩子平時所見所聞的經驗。藉由這種扮家家酒遊戲，孩子獲得探索他人觀點與情緒狀態的機會，並得以練習語言表達。不僅如此，和玩偶說話，或將奶瓶放在玩偶嘴巴上餵奶的模仿行為，有助於培養想像力和創意。此外，在安排角色或設計遊戲對白的過程中，與同儕協商或出現衝突時，也能學到解決問題的方法。扮家家酒可以說是結合整個發展過程的遊戲。

Q 我家孩子5歲，目前沒有送孩子上幼稚園，而是選擇在家裡教。這樣沒關係嗎？

A 您孩子上的是媽媽親自在家裡教子女的家庭學校（Home School）呀。家庭學校的最大優點，在於由最了解孩子的父母親自針對孩子的發展程度與學習速度、適性給予指導。此外，不必受限於時間和場所，也相當吸引人。教育內容可以依照孩子的興趣來安排，吸引孩子學習。其實只要多和孩子好好玩這本書中介紹的遊戲，就已經將最核心的發展領域和教育課程包含在內了。

只不過推動家庭學校時，有個必須審慎思考的問題，那就是和同儕的關係。當然，如果和父母培養了安定、互愛的關係，那麼基本上已經做好和他人建立良好關係的準備。然而除了父母單方面照顧的關係外，另一種全然不同的垂直關係，必須在與同儕朋友的交往中一步步學習。即使選擇家庭學校，最好還是營造能和鄰里間同儕接觸、玩耍的環境。尤其在近來可以和同儕玩耍的時間與機會日趨減少的環境下，務必要刻意製造孩子和其他朋友一起玩耍的時間。在這個時期，如果不能和同儕一起玩，彼此時而爭吵、時而講和，進而熟悉基本的人際關係技巧，那麼日後年紀越大，就必須付出更大的代價學習。

社會能力

　　在與同儕間的關係中，自己孩子的適應程度如何，又有多受朋友歡迎，甚至是否積極參與同儕關係，這些統稱為「社會能力（social competence）」，又稱社會性。社會能力發展於幼兒期，是孩子未來一生中最重要的能力之一。如果學業表現或智力高人一等，社會能力卻沒有發展成熟，那麼不但幼稚園或學校生活不快樂，自信心也會降低。請利用以下問題，檢視孩子的社會能。

∣ 檢測表：我家孩子的社會能力如何？ ∣
以下是判斷孩子社會性的問題。請詳閱以下各問題，選擇最符合孩子情況的一欄。

問題	非常不正確	不正確	普通	正確	非常正確
	1	2	3	4	5
1.主導和其他孩子的遊戲或活動					
2.認真傾聽其他孩子說話					
3.受到其他孩子歡迎					
4.向其他孩子明確表達自己的意見					
5.和其他孩子發生衝突時懂得適時妥協					
6.被其他孩子喜歡					
7.有效向其他孩子表達自我主張					
8.懂得禮讓其他孩子					
9.其他孩子會想和自己的孩子一起玩					
10.帶領其他孩子開心玩遊戲					
11.和其他孩子友好地分享玩具或教材					
12.和不同孩子維持親密的關係					
13.提出其他孩子可以跟著玩的遊戲或活動					
14.樂意幫助身處困難的孩子					
15.朋友比其他孩子多					

回答所有選項後，將以下各子領域對應的問題分數相加，算出總分。如果平均分數各高於3分，可視為社會能力良好。如果平均分數低於3分，則可視為社會能力低落。

請仔細檢查孩子哪一部分分數較高，哪一部分分數較低，和孩子一起在玩遊戲的時候，針對必要的部分補充即可。

子領域	問題內容	問題編號	總分／問題數
社交性	易為同儕團體接受，能與不同孩子打成一片的能力	3、6、9、12、15	／5
親社會性	樂於幫助其他孩子，和睦相處，出現衝突時，能有效解決的能力	2、5、8、11、14	／5
主導性	主動提出並帶領和朋友一起進行的活動或遊戲，有效主張個人意見的能力	1、4、7、10、13	／5

Chapter 2

藝術・創意發展

專為 **48** 至 **72** 個月孩子設計的潛能開發統合遊戲

體驗生活中的藝術，發現自我天賦的時期

發展到達一定程度，
更懂得表達感受與想法

• • •

藝術經驗領域發展的特徵

48至72個月的幼兒，在語言或認知發展、社會性與身體發展已經達到一定程度。所以在這個時期，他們和同儕一起學習音樂或美術，懂得表達自己的感受與想法。此外，這個時期孩子的圖畫發展程度相當於前圖示期（Pre-Schematic stage），從過去像塗鴉一樣的圖畫，開始畫出大抵能看懂的事實圖畫，對於畫圖或創作的欲望日益旺盛。

在音樂方面也是，辨別音樂的能力開始發展，不僅對節奏感到興趣，也能辨別強弱與音色、音速，是創意力逐漸旺盛的時期。孩子具備的這種藝術能力，可能在稍不注意間錯過。然而在這個階段，如果能讓孩子在包含音樂和美術的藝術環境下開心體驗，不僅有助於發現孩子的藝術才能，也有助於享受和欣賞藝術。以下是這個時期的藝術活動中，必須特別關注的地方。

- **尋找美**：目標在於探索音樂要素（例如聲音、強弱、音速、節奏等）、探索移動和舞蹈的模樣等、探索美術要素（例如自然與事物的顏色、外形、質感、空間等）。
- **表現藝術**：目標在於綜合表達音樂、動作、美術活動與戲劇。
- **欣賞藝術**：目標在於欣賞並沉浸於各種音樂、舞蹈、美術作品、戲劇等、重視他人與我不同的藝術表現、關心傳統藝術。

除了畫圖和勞作外，還有以音樂、動作、戲劇表達，觀賞與鑑賞藝術作品。換言之，直接表現藝術儘管重要，探索基本要素、以各種方式表達或欣賞我的想法和感受，也是強調的重點。本書所介紹的自由且有趣的遊戲與活動，必有助於達成此目標。

本書裡的藝術遊戲，有許多是結合科學實驗的活動。和孩子一起進行這類整合性的遊戲，將可成為在愉快的藝術活動中體驗科學現象，對其原理產生興趣，並以語言溝通、解決問題的最佳整合教育課程。

● 48至72個月藝術經驗領域學習目標檢測表

觀察孩子是否確實理解或達成該時期的藝術經驗領域領域目標，並記錄之。未能達到目標的孩子，家長不妨透過本章節提供的有趣遊戲，帶領孩子學習。

年齡/月齡		學習目標	觀察內容
滿4歲（48至59個月）	尋找美	關心各種聲音、音樂的強弱、音速、節奏等	
		關心動作和舞蹈的模樣、力量和速度	
		關心自然和事物的顏色、外形、質感等	
	表現藝術	以歌曲表達自己的想法和感受	
		喜歡哼唱傳統童謠	
		嘗試演奏節奏樂器	
		嘗試即興創作簡單的節奏和音樂	
		利用身體自由表達周邊的動作	
		以動作和舞蹈表達自己的想法和感受	
		運用道具表達各種動作	
		利用各種美術活動表達自己的想法和感受	
		參與講求合作的美術活動	
		多元利用美術活動所需的材料和道具	
		以戲劇表達日常生活的經驗或簡單的故事	
		利用小道具、布景、服裝等，合作進行戲劇演出	
		整合音樂、動作和舞蹈、美術、戲劇等並呈現之	
		參與藝術活動，享受表達的過程	
	欣賞藝術	聆聽、觀賞各類音樂、舞蹈、美術作品、戲劇，並樂在其中	
		尊重他人與我不同的藝術表現	
		對傳統藝術感興趣	

年齡/月齡		學習目標	觀察內容
滿5歲 (60個月 以上)	尋找美	以各種聲音、樂器等探索音樂的強弱、音速、節奏等	
		探索動作和舞蹈的模樣、力量和速度、移動等	
		在自然和事物中探索顏色、外形、質感、空間等	
	表現 藝術	以歌曲表達自己的想法和感受	
		喜歡哼唱傳統童謠	
		嘗試演奏節奏樂器	
		嘗試即興創作節奏和音樂等	
		利用身體多元表達周邊的動作，並樂在其中	
		以動作和舞蹈表達自己的想法和感受	
		運用各種道具擺出創意的動作	
		利用各種美術活動表達自己的想法和感受	
		參與講求合作的美術活動，並樂在其中	
		多元利用美術活動所需的材料和道具	
		以戲劇表達經驗或故事	
		利用小道具、布景、服裝等，合作進行戲劇演出	
		整合音樂、動作和舞蹈、美術、戲劇等並呈現之	
		參與藝術活動，享受創意表達的過程	
	欣賞 藝術	聆聽、觀賞各類音樂、舞蹈、美術作品、戲劇，並樂在其中	
		尊重他人與我不同的藝術表現	
		對傳統藝術感興趣，並逐漸熟悉	

整合領域：藝術、探索、數學

水瓶樂器

☑ 學習聲音是由震動而產生的原理
☑ 發現發出聲音的高低與水量有關

藝術・創意發展❶ 水瓶樂器

利用水瓶演奏「Do Re Mi Fa So……」，編成一曲動人音樂的遊戲。

● 準備物品
空水瓶6個（玻璃瓶比塑膠瓶更好）、
食用色素、湯匙

● 遊戲方法
1. 將水瓶排成一排，第一個水瓶裝滿水。
2. 第二個水瓶裝得比第一個水瓶少，下一個水瓶再比第二個水瓶少，依序裝完6個水瓶。
3. 每個水瓶內倒入不同顏色的顏料。
4. 以湯匙敲打水瓶，聆聽聲音。進階版可以嘗試演奏曾經聽過的旋律。

● 遊戲效果

★學習到「聲音是由震動而產生」的原理。

★尋找聲音最高的水瓶（水最少的水瓶）和聲音最低的水瓶（水最多的水瓶）。

● 培養孩子可能性的訣竅及應用

　　水量的差異較小時，不易區別聲音的高低，起初應該準備容量大一點的水瓶，加大水量的差異。試著發出「啊——」的聲音，同時拿筷子貼在頸部感受震動，體驗聲音由震動產生。水瓶震動時，以手抓住水瓶，觀察聲音會如何變化。再換成塑膠瓶、玻璃瓶、鋁罐等容器，觀察聲音的改變。將嘴唇貼在瓶口吹氣，吹出風的聲音（強弱、長短等）。另外決定水的高度時，也可以用尺測量準確後，再把水倒到一定的高度。

發展淺談　**音樂遊戲的運用**

　　幼兒期音樂教育最重要的目的，在於幫助孩子理解音樂與樂在其中，並進一步運用音樂。因此，比起彈鋼琴或演奏小提琴等能力的訓練，更強調幫助孩子親近音樂，養成良好的音樂表達或音樂欣賞的習慣。要達到此目標，最好的辦法就是遊戲。遊戲有助於孩子自發且快樂地進行音樂相關活動，更加親近音樂。

在音樂遊戲中，最早開始的遊戲正是聲音遊戲。能幫助孩子利用各式各樣的道具發出聲、探索聲音，並以此為基礎接觸音樂活動。在指導孩子發聲前，應先自然而然開始聽力教育，當然最重要的，是放愉悅、美妙的音樂給孩子聽，藉由聆聽親近熟悉的音樂，讓孩子能自行體驗輕鬆且愉快的發聲經驗。

藝術・創意發展 ❶ 水瓶樂器

整合領域：藝術、數學、語言

魔笛DIY

☑ 觀察吸管長短會影響聲音
☑ 有助於培養孩子的想像力

閱讀格林兄弟的童話《吹笛人》，製作童話中的魔笛，盡情發揮想像力。

● **準備物品**
尺、剪刀、吸管9根、透明膠帶、童話書《吹笛人》

● **遊戲方法**
1. 將9根吸管平行排列。
2. 裁剪第二根吸管，使長度比第一根吸管短2公分。裁剪第三根吸管，使長度比第二根吸管短2公分。以相同方式裁剪至第九根吸管，每根吸管相差2公分。

吸管

3. 膠帶剪下可以一次將9根吸管平行貼牢的長度，將黏貼的一面朝上，置於地板。

4. 從最長的吸管開始依序將吸管放在膠帶上，底部對齊，接著在吸管的3至5公分處以膠帶固定。

5. 試著吹笛子，看看哪根吸管發出的聲音最高，哪根吸管發出的聲音最低。

6. 請孩子畫出自己吹笛子的樣子。

● **遊戲效果**

★ 觀察吸管的長短會影響發出的聲音。

★ 搭配童話故事遊戲，有助於培養想像力。

● **培養孩子可能性的訣竅及應用**

　　讓孩子吹吸管製作的笛子，一邊想像《吹笛人》故事。想想如果有一支可以變魔術的笛子，想要做什麼事情，並且畫下來。莫札特也曾創作歌劇〈魔笛〉，若有機會可以讓孩子欣賞，了解該歌劇的情節。

發展淺談 音樂能力的發展

　　到了4歲以後，孩子開始能夠隨著節奏拍手、踢腳，也能夠以言語表達自己聽到的音樂。同時也因為非常喜歡聽音樂，有時會選擇自己喜歡的歌曲來聽。他們在唱歌時，懂得區分歌詞和歌曲，哼唱自己喜歡的歌曲，音域也逐漸擴大。這個時期的幼兒可以發音的音域在Re到La左右，懂得和同儕朋友一起唱歌，並且在輪到自己時歌唱。

在演奏樂器方面，懂得以各種節奏樂器表達自己的情感，也懂得搭配歌曲演奏節奏樂器。能夠和同儕朋友一起演奏樂器，也能辨別樂器的聲音。他們出現自己喜歡的樂器聲音，並且希望在他人面前演奏。在音樂創作方面，懂得在唱歌時編造自己獨特的節奏，或隨著自己的情緒哼唱曲調。同時會以自己的想法表達學到的音樂或聲音，也懂得以各種樂器演奏重複的節奏。甚至開始將自己的節奏或曲調傳達給他人。

整合領域：藝術、身體、大肌肉、社會性

音樂跳繩

☑ **對速度和音樂節拍更加敏感**
☑ **學習與其他人合作的重要性**

配合音樂和許多人一起跳繩的遊戲，多人玩比自己玩更好玩。

準備物品

長一點的跳繩

長繩

遊戲方法

1. 兩人站在兩邊抓住繩子，轉動繩子。
2. 選擇具有節奏感的歌，配合節奏一起跳繩。踢到或踩到繩子的人，就會被淘汰。

遊戲效果

★ 比起單純的跳繩，配合歌曲跳繩更有趣，也可以跳得更久。
★ 對繩子轉動的速度和音樂的節拍更加敏感。
★ 多人一起玩跳繩時，由於必須配合其他人的速度、動作，才能保持行列整齊，藉此學習與其他人合作的重要性。

● 培養孩子可能性的訣竅及應用

　　自己一個人也可以配合音樂跳繩，不過多人一起玩更有趣。玩家較多時可以分組，多人同時進入繩子中跳繩。如果沒有碰到繩子，即使音樂結束後，也可以留在繩子內，其他人繼續加入，讓兩人以上的玩家同時跳繩。比賽看哪一組跳繩跳得更久，也很有趣。

發展淺談 音樂課能刺激大腦發展

　　多倫多大學的夏侖柏格（Schellenberg）教授曾研究音樂教育的效果。研究團隊將14名6歲幼兒分成4組，其中兩組每周進行歌唱或電子琴課程，共計9個月。第三組進行戲劇課程，第四組未進行任何課程。之後分別在受測者小學入學時和2年級時檢測其IQ。令人驚訝的是，接受音樂課程的兩組幼兒，智力分數比其他兩組。接受戲劇課程的幼兒在IQ上雖然沒有增加，不過在只接受音樂的一組所觀察不到的社會性行為，反倒有所增加。

整合領域：藝術、身體、探索

我是一隻女王蜂

☑ **有淨化心靈和紓解壓力的效果**
☑ **有助於想像力和創意性的發展**

一邊聽著音樂，一邊隨著音樂表現身體的遊戲，不僅可以自由擺動身體，也可以提高表達能力。

● **準備物品**

林姆斯基・高沙可夫的〈大黃蜂的飛行〉影音

● **遊戲方法**

1. 先別告訴孩子歌曲的名稱，播放〈大黃蜂的飛行〉後，和孩子聊聊有什麼感受。
2. 告訴孩子歌曲名稱為〈大黃蜂的飛行〉，再次聆聽歌曲，討論蜜蜂是以什麼樣的姿勢飛行。接著以身體動作表現蜜蜂尋找花朵的模樣、蜜蜂採食花蜜的模樣。
3. 聽完〈大黃蜂的飛行〉編曲的故事，想像歌劇中蜜蜂的模樣，再以身體動作表現出來。
4. 增加動作的種類，例如變換前、後、左、右、上、下的方向，增快或減慢動作的速度。

遊戲效果

★ 透過自由表達身體和聆聽音樂，達到淨化心靈和紓解壓力的效果。

★ 有助於想像力和創意性的發展。

★ 透過身體的擺動，培養身體覺察能力（Body Awareness Ability）和運動知覺能力（Kinesthetic Perception Ability）。

培養孩子可能性的訣竅及應用

　　〈大黃蜂的飛行〉一曲穿插在名為〈蘇丹沙皇的故事〉的歌劇中，描寫大黃蜂群振翅飛行攻擊天鵝的場景。請在網路上搜尋〈大黃蜂的飛行〉故事，和孩子一起欣賞音樂。同時讓孩子看蜜蜂的圖片或影片，談談蜜蜂的動作，再以身體動作表達出來，並編排不同的姿勢。

發展淺談 音樂欣賞課程提高語言能力

　　一項研究以4到6歲的幼兒為對象，開發幼兒用電腦程式，進行音樂或美術的教學。在音樂課程方面，學習節奏、旋律、音的高低、歌曲、基本音樂概念，主要以欣賞音樂為主，而非樂器課程。在美術課程方面，學習與圖形、顏色、線條、層次、遠景等相關的概念。

　　課程以團體方式進行，受測者一天接受兩次各45分鐘的課程，每週五天，連續四周。其結果，唯有接受音樂課程的幼兒，高達90%在語言智能方面向上提升。語言智能的提高，與執行實際任務期間大腦功能的可塑性有關。這類結果顯示，音樂欣賞技術的訓練轉移至語言能力，足見音樂與語言有著密不可分的關係。

　　此外，也顯示音樂處理機制與其他認知活動所使用的機制可能重複。這20日來的音樂訓練，不但提高了孩子執行實際任務的能力，也刺激了相應的大腦變化。站在人類必備的高次元控制力、注意力及記憶力來思考音樂課程，可以確知執行功能與音樂有所關聯。

整合領域：藝術、身體、探索

用身體創造節奏

☑消除壓力、感受身體各個部位的感覺
☑強化思考力、記憶力、問題解決能力

用我們的身體代替樂器創造各種節奏型式的遊戲，可以提高節奏感及創意力。

● 準備物品
無

● 遊戲方法
1. 找出可以用身體發出聲音的方法。例如：拍手、踢腳、手拍膝蓋、咂嘴等。接著，一邊歌唱，一邊跟隨音樂節奏、利用身體發出各種聲音。
2. 由其中一個人創造聲音型式，另一個人閉上眼睛，仔細聽完後，重複聽見的聲音型式。
3. 角色對換。

● 遊戲效果
★在模仿身體動作的同時，熟悉節奏感。
★在創造各種聲音型式的過程中，發展創意性。
★在記憶型式的過程中，提高記憶能力。

● 培養孩子可能性的訣竅及應用

等孩子熟悉這個遊戲後，可以試著利用各種身體聲音創造更長的節奏型式。以手掌或手指等敲打廚房的平底鍋、湯鍋或水杯，也可以創造各種節奏型式。

發展淺談 音樂教育提高IQ的效果，三年後就消失？

不少研究結果指出，1年以下或1到2年的短期音樂教育能提高IQ或智力。然而接受2年以上的音樂教育後，在IQ和認知能力方面的提升消失。柯斯塔‧吉歐米（Costa Giomi）隨機挑選4年級學童，編入音樂教育組和對照組，提供長達3年的音樂教育。而在音樂教育結束後和7年後，檢測學童的認知能力。結果一如預期，在1到2年的教育結束後，接受音樂教育的學童的認知能力比未接受音樂教育的學童更高。不過，這種音樂教育的效果，在3年後消失殆盡，7年後也沒有任何音樂教育的效果。3年後雖然實際上有些許的認知效果，不過這與練習量和音樂課程的出席等學習動機相關因素有關。根據此結果，隨著時間的流逝，音樂教育對IQ或智力造成的影響減少，而音樂以外的其他因素（耐心、練習量等）變得更重要，音樂教育的直接效果似乎消失了。雖然還需要更多的研究，但可以確定的是，音樂本身確實可以豐富孩子的生命。

整合領域：藝術、身體

紙魚DIY

☑ **進行使用小肌肉的各種活動**
☑ **有助於創意性和美感的發展**

藉由需要用到各種小肌肉活動的美術活動（裁剪、著色、黏貼、纏繞等），有助於培養孩子的創意力。

● **準備物品**
厚紙板、色紙、蠟筆、剪刀、膠水、毛線

● **遊戲方法**

1. 在厚紙板上畫出魚的形狀，以剪刀裁剪。魚嘴部分剪下三角形，魚身上剪出鋸齒狀，以利纏綑絲線。

2. 用色紙剪出魚鰭、魚尾和魚眼，黏貼於魚身上。

3. 以蠟筆在魚身、魚鰭和魚尾等地方畫上線條或著色。

4. 剪下30公分左右的絲線，在魚身上的鋸齒狀凹槽纏繞多圈絲線。

遊戲效果

★ 進行使用小肌肉的各種活動，例如使用剪刀、膠水黏貼、絲線纏繞等。

★ 有助於創意性和美感的發展。

培養孩子可能性的訣竅及應用

不必擔心孩子把家裡弄得一團糟。只要將所有材料和紙張放在托盤內給孩子，可保持使用的整潔，也方便整理。孩子也許對於裁剪鋸齒狀或裁剪魚形感到困難，最好一步步引導孩子，以免孩子中途放棄。

發展淺談 絕對音感可以學會

絕對音感是聽到音樂，能夠正確辨音的能力，擁有絕對音感的人，可以原原本本歌唱或演奏出只聽過一次的音樂。雖然說，不是具有絕對音感，才能成為偉大的音樂家，不過巴哈和貝多芬等人確實具有絕對音感。研究顯示，絕對音感並非與生俱來，這項能力可以藉由從小對辨音的訓練而擁有。根據一項研究結果，4歲以前開始接受音樂教育的人，有40%具有絕對音感，接觸音樂的年齡越大，擁有絕對音感的比例越低，9歲以後開始接觸音樂的人，只有3%擁有絕對音感。這好比學習語言有決定性的時期。

其實絕對音感和語言有密切的關係。漢語、越南語等必須區分語調的音調語言使用者，更多人擁有絕對音感。根據比較中國音樂學院和美國音樂學院學生絕對音感的研究，4到5歲前開始接觸音樂的中國學生，有60％具有絕對音感。反之，美國學生只有不到14％擁有絕對音感。同一研究也指出，兩組同樣越晚接觸音樂，擁有絕對音感的可能性越低，在8歲以後才開始接觸音樂的美國學生中，沒有任何一人擁有絕對音感。

訓練絕對音感最簡單的方法，是從小大量聆聽音樂，大量練習唱歌，將此視為唯一目標。然而正如外語習得一樣，如果過了一定的年齡，就難以習得絕對音感。

整合領域：藝術、身體、探索

拉線畫圖

☑透過拉扯來發展小肌肉
☑自然而然學會對稱原理

藝術‧創意發展❼拉線畫圖

就像化身知名魔術師一樣，任何人都不會失敗，創造個人獨特作品的遊戲。

● **準備物品**
圖畫紙、各種粗細和材質的線、顏料、免洗紙盤、圍裙

● **遊戲方法**

1. 將顏料倒入免洗紙盤內，抓住線的一端，將約3／4的線泡在顏料裡。

2. 圖畫紙折半再攤開，將浸泡在顏料裡的線排成各種圖形，放在圖畫紙的一半空間內，另一端放在圖畫紙外。

3. 將圖畫紙對折重壓，抓住露出外面的線頭，向四面八方緩緩拉起，直到線條全部拉出為止。

113

4. 將其他顏色的顏料倒入紙盤，再次浸泡不同材質和粗細的線。
   並重複2到3次。

● **遊戲效果**

★ 緩緩移動雙手、拉扯線，可以發展小肌肉。

★ 隨著拉扯線的方法或放線的模樣不同，可以創造特殊又有趣
   的圖案。

★ 可以自然而然學會「對稱」的原理。

● **培養孩子可能性的訣竅及應用**

　　由於顏料可能沾染到別的物品上，最好先將報紙鋪在地
上，並穿上圍裙進行。線的一端不可染上顏料，必須露出在
外才可拉扯。線也必須充分沾染顏料，才會出現漂亮的紋
路。和孩子聊聊偶然創造的紋路長得如何。

　　發展淺談 幼兒圖畫的特徵

　　　　4歲至6歲的幼兒開始對圖畫產生興趣，有時纏著父母
畫出人、車、動物，有時嘗試自行畫圖。甚至畫出圓形、三
角形等圖形，稱之為爸爸、媽媽。此外，男孩喜歡畫人、食
物、動物，與車、飛機等交通工具，女孩則喜歡畫人、花和
風景。這時期幼兒的圖畫有如下特徵。

★**蝌蚪人**：人類的頭為圓形，雙手與頭連接，看起來宛如蝌蚪。不在意五官位置或人體各個部位。

★**誇大呈現和省略呈現**：感興趣或關心的部位誇大呈現，而不感興趣或不關心的部位畫得較小，甚至省略。

★**清單式圖畫**：畫花朵、房屋、汽車、船、蝴蝶、太陽等，不在意大小、遠近、比例等的關係，單純羅列事物。

★**羅列、並列、重複**：不斷鋪陳同一個事物，或重複相同的圖案。

★**呈現基底線**：在畫中畫線來表示平地。有時以紙張底線為平地，畫滿各種事物，以上方為天空，留下大片餘白。

藝術・創意發展❼拉線畫圖

整合領域：藝術、身體、探索

麵粉黏土

☑ **孩子能學習正確測量材料的單位**
☑ **大肌肉、手指力量、手指協調力**

市面上雖然有販售各種黏土，不過和孩子一起親手製作媽媽牌麵粉黏土，可以玩得更有趣。

● **準備物品**
中筋麵粉3杯、食用油1／4杯、
鹽半杯、熱水1杯、食用色素少許
（每種顏色6～8滴）

● **遊戲方法**
1. 將鹽和熱水攪拌均勻。
2. 將油分次套入麵粉裡，並一邊將麵粉搓揉成糰。
3. 接著把【步驟1】的鹽水加入麵糰裡，並持續搓揉到無粉粒感、不黏手。
4. 最後把麵粉糰分成數塊，各自加入不同的食用色素。

5. 嘗試陪著孩子用以下的方法玩黏土。

　　①觸摸、丟甩、捏開黏土，探索黏土的特性。
　　②揉成球狀或長條狀，或捏下一小塊黏在紙上。
　　③用牙籤、通心麵、鈕釦等物品壓在黏土上，完成各種圖案。
　　④將花朵或蕾絲、樹葉貼在黏土上，印出紋路。

🔘 遊戲效果
★ 製作麵粉黏土時，學習正確測量材料的單位。
★ 均勻攪拌或搓揉材料時，達到手部大肌肉運動效果。
★ 玩黏土時搓揉、拍打、觸摸的動作，可刺激觸覺、強化手指
　的力量等細微肌肉運用。
★ 發展眼睛和手的協調能力。
★ 觀察家中製作的麵粉黏土的觸感、味道、顏色，並與市售黏
　土相比。

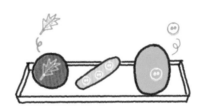

🔘 培養孩子可能性的訣竅及應用
　　因為使用熱水，材料可以不必在火爐上調理，相對安
全。另外放入檸檬汁或香蕉香水，就能變身為香香甜甜的麵
粉黏土。玩好之後，黏土以保鮮膜包裹，再放入冰箱冷藏。

發展淺談 利用黏土表現立體圖形

　　對於小肌肉尚未細緻發展的幼兒而言，黏土不僅容易操作，而且不滿意作品時，還可以輕易揉成一團或重頭來過。4到8歲兒童在畫圖方面開始畫出物品的模樣，而在使用黏土時，也懂得製作立體圖形。這時在表現立體圖形的特徵上，是將物品放倒在地上呈現。製作立體圖形時，有些孩子從細節開始，逐步添加其他部位，並且互相黏接，完成立體圖形。反之，從整塊黏土開始，再往不同部分修飾的孩子，大部分無法進入細部的表達，最後停在整塊團狀物。就像畫圖一樣，當利用黏土或其他媒材進行表達活動時，孩子有時會單方面要求媽媽代替完成。但是如果無條件答應孩子，孩子只會變得更依賴，甚至因此喪失了興趣。重要的是在孩子不失去興趣的界線前，適時幫助與介入孩子，最後讓孩子具備自己也辦得到的自信心。

整合領域：藝術、探索

盡情調色

☑ 觀察基本色混合形成新色過程
☑ 使用滴管時而達到小肌肉運動

下雨天、陰天或孩子心情不好的時候，調配美麗的色彩讓孩子轉換心情，還可以觀察各種顏色生成的過程。

準備物品
食用色素（紅色、藍色、黃色）、滴管、冰塊盒、水

遊戲方法

1. 將冰塊盒裝滿水。再把紅色、藍色、黃色顏料倒入冰塊盒的三個角內。

2. 使用滴管將一滴紅色顏料滴入冰塊盒的空格內。隨後在相同格子內，也滴入一滴黃色色素。

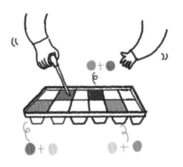

3. 紅色和黃色攪拌均勻後，觀察變成了什麼顏色。以相同方法混合各種基本色，試著調出紫色（藍色＋紅色）、綠色（黃色＋藍色）、褐色（紅色＋黃色）等多種色彩。

藝術・創意發展 ❾ 盡情調色

119

● 遊戲效果

★ 觀察各種基本色混合後，形成各種新顏色的過程。

★ 有助於記憶各種顏色如何被調配出來。

★ 使用滴管的過程中，能達到小肌肉運動效果。

● 培養孩子可能性的訣竅及應用

　　使用顏料時，請穿上舊衣服或準備圍裙，避免顏料沾染衣服。另外，最好先在地板上鋪好報紙或墊子再開始，即使顏料翻倒，也容易擦拭或清理。將冰塊盒內的水直接冷凍，就成了彩色冰塊。如果在意顏料染上冰塊盒，也可以將兩種顏色的顏料放入透明夾鏈袋，調配不同顏色。

發展淺談 孩子使用幾種顏色的色筆最恰當？

　　在學界也有人主張不適合給孩子10種以上的顏色，不過到了5到6歲已經能分辨24種左右的顏色，所以使用到這種程度也無妨。然而提供孩子太多顏色時，反倒可能造成孩子混亂，並不推薦。

　　到了4到5歲，最好提供孩子12種顏色，並教導孩子如何塗上其他顏色的油蠟筆，或混合顏料使用的方法。限制可以使用的顏色數量，不但可以趁機告訴孩子調配新顏色的方法，還能讓孩子創造出專屬於自己的顏色。因此，比起提供孩子大量顏色，讓孩子被動使用其中的顏色，不如讓孩子養成利用少數顏色調配色彩的習慣。

整合領域：藝術、探索

影子遊戲

☑ **透過影子遊戲培養孩子探索欲**
☑ **了解影子屬性，並以圖畫表現**

「影子什麼時候會出現？」利用這個影子遊戲，可培養孩子觀察與探索的能力。

● **準備物品**
白色圖畫紙數張、黑色圖畫紙、蠟筆、剪刀、膠水、手電筒、透明膠帶

● **遊戲方法**

1. 和孩子討論影子。例如：什麼地方可以看見影子、影子是怎麼出現的、影子是什麼顏色、影子的模樣怎麼受陽光的方向改變……。

2. 將室內照明調暗後，其中一人站在牆邊，像模特兒一樣擺出姿勢，另一人以手電筒照射牆壁，觀察影子。

3. 打開燈，在白色圖畫紙上畫出看見的影子，著色後以剪刀裁剪。

4. 將【步驟3】裁剪好的形狀放在黑色圖畫紙上，剪下相同形狀的黑色圖畫紙，製作影子。
5. 將著色好的人形圖案貼在白色圖畫紙上，另一邊以透明膠帶黏上另一張白色圖畫紙，再貼上黑色影子。

● **遊戲效果**

★ 透過影子遊戲培養孩子的探索欲。

★ 了解影子的屬性，並以圖畫表現之。

● **培養孩子可能性的訣竅及應用**

　　在黑色圖畫紙上畫圖後，裁剪時留下底部，將底部折起。如此一來，畫好圖後裁剪的部分只留下輪廓，而折起的部分便成為黑色影子。到戶外觀察陽光的方向如何改變影子的模樣後，比較孩子製作的影子的差異。

發展淺談 各年齡色彩的使用

　　幼兒年齡不同，顏色的使用也不同。4歲時，只以一開始選擇的顏色畫出簡單的線條，而不管畫圖對象的顏色。在色彩的使用上，也只偏好紅色、藍色、黃色等原色，會使用的顏色數量在3到7種左右。不過不可以因為孩子選擇的顏色與畫圖對象無關，而強行規定使用的顏色，或對孩子使用的顏色大發議論。最好讓孩子盡可能使用大量的顏色，給予探索顏色的機會。

到了6歲，也大多表達自己知道的內容，而非呈現事實。主要使用的顏色有6到7種，都是明亮鮮明的原色，喜歡的顏色依序為紅色、黃色、藍色、紫色、粉紅色。和先前相比，依然最在意圖案的模樣，而非圖案的色彩，喜歡的顏色也隨著孩子心理狀態而經常改變。

到了7歲，使用的色彩不再因為主觀或情緒上的因素而決定。換言之，他們開始認知到畫圖對象和色彩之間的關係。

整合領域：藝術、探索

磁鐵畫圖

☑ 觀察及學習磁鐵的特性
☑ 開心畫圖和玩磁鐵遊戲

可以同時玩讓孩子完全著迷的磁鐵遊戲和畫圖。孩子肯定會愛上磁鐵的移動，每天都想玩這個遊戲。

● **準備物品**
免洗紙盤、顏料（紅色、藍色、黃色）、
迴紋針、磁鐵

● **遊戲方法**
1. 將顏料倒在免洗紙盤上。
2. 在顏料內放入迴紋針，在紙盤下以磁鐵移動迴紋針。
3. 四處移動磁鐵，就像畫筆一樣在紙盤上畫圖。

遊戲效果

★ 觀察及學習磁鐵的特性。

★ 這是同時開心畫圖和玩磁鐵的遊戲。

培養孩子可能性的訣竅及應用

　　尋找除了迴紋針之外，可以取代畫筆作畫的工具。例如：螺絲帽、鍊條、螺絲、釘子。

發展淺談 懂得越多，越能精準表達

　　雷焦・艾米利亞（Reggio Emilia）的幼兒教育於1991年獲《新聞週刊》（Newsweek）選為「全球十大傑出教育機構」，於全球享譽盛名。尤其在雷焦・艾米利亞的方案教學（Project Approach）中展示的孩子的作品，優秀程度足以媲美知名作家的作品。其祕訣之一在於進行方案教學的方法，雷焦・艾米利亞的方案教學是對於同一對象或主題，嘗試從各種方面體驗與學習，經過數個階段才創造出作品。

　　首先，當孩子決定好日常生活中感興趣的、關注的主題時，方案教學隨即展開。如果主題是魚，先讓孩子說說自己對魚的了解或相關主題。例如「我吃過青花魚」口語論述與討論。接著以各種討論的內容為基礎，針對魚畫圖。之後看著圖畫進行探索活動，了解魚的種類、部位名稱與功能等。例：魚鰭就像舵手一樣能操縱魚兒游來游去。

然後，再以探索內容為基礎畫圖，有時以黏土或其他材料捏成魚，或也可以利用動作或音樂表達。結束後，前往水產市場實際看魚，作更深入感受（體驗）。在實際體驗後，重新畫圖（再現）。雖然可以簡單分類，不過，可以有時利用其他媒介畫圖、勞作，有時前往博物館、圖書館等相關場所，進行多次體驗。上述過程為一個方案，通常需要進行6個月以上的時間。

　　由此所見，雷焦・艾米利亞方案教學的重要特徵，並非讓孩子盲目地畫圖或勞作，而是針對好奇的主題進行研究，並且多次反覆，在以語言、圖畫、結構體、動作等象徵來表達的過程中，讓孩子的理解力和表達力逐漸進步。

整合領域：藝術

盡情塗鴉

☑ 讓孩子輕鬆地開始畫圖
☑ 多人一起合作畫一幅畫

即使是害怕畫圖的孩子，也能簡單輕鬆畫圖的遊戲，可培養孩子畫圖的興趣。

● **準備物品**

紙張、筆

● **遊戲方法**
1. 在紙張上畫出彎彎曲曲的線條。
2. 從線條任何地方延伸，畫出動物或人。

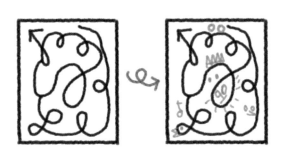

● **遊戲效果**

★即使是害怕畫圖的孩子，也能夠簡單輕鬆開始畫圖。

★若許多人一起在同一張紙上畫圖，可以提升社交力。

● **培養孩子可能性的訣竅及應用**

　　雖然是非常簡單的方法，不過看起來卻煞有介事。其中一人盡情畫完後，再將紙張交給下一個人，也能同時在一張紙上畫圖。另外，放音樂，隨著節奏塗鴉，也可以觀察塗鴉如何因為音樂種類而改變。塗鴉完後仔細觀察畫面，找出隨意畫出的線條在偶然相交後，會出現什麼模樣，並將該處線條加粗。

發展淺談 參觀美術館的效果

　　參觀美術館不僅可以看見美術品原件，又能感受到照片或幻燈片中看不見的質感、大小，將帶給孩子強烈的印象。某項研究將5歲幼兒分為兩組，其中一組進行10次的美術館參觀計劃。美術館參觀計劃依序為40分鐘左右的作品欣賞活動（第1階段）、美術館參觀後，於幼稚園撰寫欣賞手冊（第2階段）、美術表達活動（第3階段）。對照組未進行美術館參觀活動，而是繼續進行幼稚園內實施的以表達為主的美術教育課程活動。

10周後檢測孩子美術活動的過程、美術表達能力、美術欣賞能力。結果一如預期，在美術活動的過程、表達能力、欣賞能力上，美術館參觀組獲得的分數比未進行美術館參觀的孩子高出許多。參觀過美術館的孩子更積極參與作品創作活動，也更認真努力。此外，他們透過欣賞各式作品，不僅可以有更多元、更有創意的思考，也反映出他們的線條、色彩、型態、畫面結構、主題表達能力上。欣賞作品時，他們也能更有自信地說出主題和自己的感受。

整合領域：藝術

瓶蓋畫

☑ 嘗試利用類似圖形完成畫作
☑ 激發孩子的想像力與創造力

利用用完的瓶罐或塑膠容器的瓶蓋，創作美麗作品的遊戲。像是蓋章一樣在紙張上蓋出圓圈，一幅漂亮的作品立刻完成。

● 準備物品

瓶蓋、塑膠容器、杯子、顏料、紙張

● 遊戲方法

1. 將不同顏色的顏料倒在和免洗紙盤一樣寬的碗盤裡。
2. 將各種瓶蓋或杯子、塑膠容器的邊緣沾上顏料。
3. 以【步驟2】沾顏料的器物，在紙張上蓋章作畫。

◎ 遊戲效果

★ 雖然非常簡單，卻可以完成一幅美麗的作品。

◎ 培養孩子可能性的訣竅及應用

以黑色圖畫紙取代白色圖畫紙，讓孩子以鮮明的顏料在黑色圖畫紙上蓋圈，也可以成為一幅美麗的作品。除了瓶蓋，也可以利用各種蔬菜（紅蘿蔔、西洋芹、玉米等）或道具（軟木塞、氣球等）印出花紋。

發展淺談 欣賞美術作品的方法

和孩子參觀美術館或欣賞美術作品時，大多只是看看作品和名稱便離開。看著美術作品，直接向孩子提出問題，不僅有助於孩子留下印象，也能學習欣賞作品。喬治亞大學的費德曼（Feldman）教授對於欣賞活動的方法提出以下建議。

★ **敘述階段：**讓孩子觀察作品，說出自己所看見的。換言之，詢問孩子客觀的訊息。例如「在這幅畫裡面，使用哪一種顏色最多？」「線條（模樣、外形、明暗、質感、空間）看起來怎麼樣？」「從這幅畫裡看見什麼？可以把你看見的全部說出來嗎？」除此之外，也可以詢問孩子作者的姓名或作品名稱、作品完成的時期等。

★ **分析階段**：讓孩子觀察作品中的美術元素或原理，口頭表達其中的美學要素如何產生關聯。換言之，即分析大小、型態、顏色、質感、空間、體積的關係。例如「在這幅畫裡面，畫有哪些東西？」「這是用什麼畫的？」「這是用什麼方法畫的？」「畫面背景有什麼？」「最前面又畫有什麼？」

★ **解釋階段**：試著說出對作品的感受或作家的意圖。在此階段，讓孩子以觀察和分析的內容為基礎，發現或理解作品的主題或表現出來的情緒意義。例如「如果是你會為這幅畫取什麼名稱？」「為什麼作家要取現在的名稱？」

★ **評論階段**：幫助孩子將自己和作品產生連結，說出個人感受和審美評論。例如「看見這幅畫有什麼感覺？」「觸摸作品的時候有什麼感覺？」「為什麼會那麼想？」「在這個作品中最喜歡的是什麼？」「最不喜歡的是什麼？」

整合領域：藝術、探索

用照片完成圖畫

☑ 有助於想像力和創意力的發展
☑ 提升以部分推論整體的推理力

運用照片和一點想像力，畫出美麗圖畫的遊戲，在照片和圖畫的結合下，一幅有趣的圖畫就此誕生。

● **準備物品**
雜誌、剪刀、紙張、蠟筆、色鉛筆、膠水

● **遊戲方法**
1. 從雜誌上剪下照片，並任意貼在畫紙上。
2. 發揮想像力在畫紙上做畫。

● **遊戲效果**

★ 以剪下來的照片為線索，再完成作品，有助於想像力和創意
　力的發展。

★ 發展以部分推論整體的推理能力。

● **培養孩子可能性的訣竅及應用**

　　從雜誌上剪下照片時，雖然整個剪下來使用最方便，不
過，只剪下其中一部分，黏貼在紙上，可以創造出發揮更多
想像力的精彩作品。

整合領域：藝術、探索

保麗龍藝術

☑ 有助於發展藝術感和創意性
☑ 有助於讓孩子的小肌肉發展

利用經常被做為包裝材料的保麗龍，製作美麗的雕刻作品。

準備物品
保麗龍盒、保麗龍球、牙籤、棉毛根

遊戲方法
1. 裁剪保麗龍盒，用作雕刻品的底盤。
2. 以牙籤連接保麗龍球，完成結構體。
3. 任意彎曲棉毛根，插在保麗龍板上。

遊戲效果
★ 有助於發展藝術感和創意性。
★ 比用黏土製作更簡單，完成作品後也方便清理。
★ 有助於孩子小肌肉的發展。

● 培養孩子可能性的訣竅及應用

　　也可以利用家中堆積的保麗龍盒蓋當作底盤，製作大型雕刻品。用棉毛根增加顏色也好，如果沒有棉毛根，可以將保麗龍剪成塊狀，當作底座來插。

發展淺談 和孩子一起欣賞的名畫

　　不方便前往美術館也沒關係，即使透過網路搜尋，也可以欣賞名畫。以下是與生活主題相關、孩子易於理解，且蘊含大量美術要素的名畫。參考〈發展淺談：欣賞美術作品的方法〉（P.131），和孩子一起欣賞畫作。

★**交通機構**：盧梭〈年輕爸爸的馬車（La Carriole du Père Junier）〉／老彼得‧布勒哲爾〈伊卡洛斯的墜落風景（Landscape with the Fall of Icarus）〉／莫內〈聖拉薩車站（La Gare Saint-Lazare）〉／愛德華‧馬內〈划船（Boating）〉／盧梭〈塞佛爾橋（Sèvres Bridge）〉

★**機械與工具**：梵谷〈阿爾附近的吊橋（The Langlois Bridge at Arles）〉／費爾南‧雷捷〈建築工人（Les constructeurs）〉／保羅‧席涅克〈井旁婦女（Women at the Well）〉

★ **報導機構**：保羅‧塞尚〈畫家的父親（The Painter 's Father, Louis-Auguste Cezanne）〉／埃貢‧席勒〈自畫像－展覽海報〉／梵谷〈約瑟夫‧魯林肖像（Portrait of Joseph Roulin）〉

★ **旅遊**：盧梭〈玩足球的人（Les Joueurs de footbal）〉／馬克‧夏卡爾〈藍色馬戲團（Le cirque bleu）〉

★ **冬天**：亞美迪歐‧莫迪里安尼〈穿黃毛衣的珍妮‧海布特（Le Sweater jaune）〉／老彼得‧布勒哲爾〈雪中獵人（Hunters in the Snow）〉

★ **秋天**：塞尚〈蘋果和柳橙的靜物（Still Life with Apples and Oranges）〉／米勒〈晚禱（L'Angélus）〉

整合領域：藝術、身體、語言

紙張造型

☑ 培養創意性和問題解決力
☑ 了解各種線條的類型呈現

「裁剪紙張，可以製造多少不同的線條？」在剪紙的過程中，不僅可以發展小肌肉，也能熟悉各種類型的線條。

● **準備物品**
色紙、剪刀、膠水、大張紙

● **遊戲方法**
1. 把各種顏色的圖畫紙裁剪成長寬各不相同的線條。
2. 將圖畫紙線條連接成各種形狀或捲起。
3. 在圖畫紙線條下方塗上膠水，貼上大張紙。
4. 以各種形狀的線條完成雕刻。

遊戲效果

★培養創意性和問題解決能力。

★讓孩子了解各種類型的線條。

培養孩子可能性的訣竅及應用

　　為了讓圖畫紙線條和紙張黏貼牢固，以膠水黏貼後，按壓圖畫紙和紙張約10秒左右。試著挑戰製作不同模樣的線條，例如直線、曲線、垂直線、水平線、螺旋形線、彎曲的線、之字線條、長線、短線等。

發展淺談 對孩子作品提問的正確方法

　　　　這個時期幼兒的表達欲望日漸旺盛，不但為自己的作品命名，也希望說明和展示自己的作品。此時，父母不僅必須提供孩子大量的資料，預備孩子自我表達的機會，也由於父母對孩子的圖畫或勞作作品的反應，影響了孩子對美術的興趣或動機，父母適當反應更不可或缺。

　　　　首先，將孩子的作品整理進文件夾內，為孩子製作作品集，或放入相框內，舉辦展示會。另外，比起一味稱讚孩子「畫得真棒」，卻不知道孩子究竟畫的是什麼，倒不如讓孩子更深入思考自己的作品，並以言語表達出來。為此，請嘗試以下方式提問。

★「可以對媽媽說明這幅畫嗎？」尤其不知道孩子畫了什麼的時候，千萬別貿然猜測，説出錯誤的猜想，務必讓孩子談談自己的畫。

★「說說怎麼會有這樣的想法？」讓孩子思考作品的意圖和靈感，向他人表達，從而對自己的作品感到自豪。

★「作品名稱該怎麼取才好？」作品名稱是給予他人理解作品的一大提示，讓孩子思考作品名稱，可以加深對作品主題的印象。也可以提出與過去的經驗或活動相關的問題，激發孩子命名的靈感。

★「如果重新畫這幅畫，最想修改哪個部分？」藝術家繪製畫作時，也要經過數十次的重新構圖。最好讓孩子思考想要修改的地方，說完後重新畫下來。

整合領域：藝術、社會

半臉自畫像

☑ 觀察自己臉部可以提高觀察力
☑ 練習畫出眼前所見的客觀事物

透過照片更仔細觀察自己臉部，繪製自畫像的遊戲，這個遊戲將可成為孩子仔細觀察自己臉部的機會。

準備物品

孩子臉部照片、A4紙、色鉛筆、蠟筆、膠水、剪

遊戲方法

1. 為孩子拍一張大頭照，並將照片用A4紙彩色列印。
2. 以剪刀將列印下來的照片剪半，貼於圖畫紙上。
3. 讓孩子仔細觀看半邊臉，先以鉛筆畫出輪廓，再嘗試用蠟筆著色。

照片　　　圖畫

● 遊戲效果

★ 看著照片仔細觀察自己的眼睛、鼻子、嘴巴的位置和方向，藉此提高孩子的觀察能力。

★ 練習不再隨心所欲地畫畫，而是將眼中看見的事物客觀地畫下來。

● 培養孩子可能性的訣竅及應用

　　一般人通常是看著鏡子畫自畫像，但是很難將所看到的一五一十畫出來，比較常是按照自己的想法來畫（眼睛幾乎放在額頭的位置，或將鼻子放在正中央……）。不過，利用照片上的半張臉，便可較為正確地掌握五官的位置、模樣與大小。

發展淺談 畫自畫像提高自我概念

　　某項研究以5歲幼兒為對象，連續5周進行畫自畫像的計劃。自畫像組的幼兒在每周2次，共計10次的課程中，探索自己的臉部，多次畫自畫像。例如撰寫關於臉部的文章並畫圖；看著鏡子觀察臉部後畫圖；討論關於臉部方面新獲得的知識；以黏土捏出臉部；表現臉部的部分；畫出各種情緒表情；分享關於臉部新發現的內容，並以文字、圖畫、黏土表達等，進行各式各樣的活動。

10次的自畫像活動後，孩子的自畫像不僅達到了繪畫整體的水準，也將透過各種活動習得的新知反映於圖畫中。之前不曾有過的眼睛中的瞳孔、虹膜等，開始出現在圖畫中，鼻子形狀、差異的描繪更加具體，孩子也發現了眼睫毛、眉毛、鼻毛，對其功能感到好奇。此外，孩子觀察到不同的表情會造成臉部各部位的改變，圖畫的描繪更加細緻，表達方式更具創意。

　　在自畫像計劃結束後，孩子更正面看待自我認知、情緒、自畫像、身體，也就是所謂的自我概念（Self-concept）。研究結果顯示，在課程期間，孩子學會與同儕討論臉部，發現與修正新的事實，並帶著好奇心畫出逐漸具體的自畫像，而他們的成就感也在此過程中與日俱增。

整合領域：藝術

紙巾列印

☑ 製作有趣且充滿創意作品
☑ 孩子有機會思考環境問題

由於是回收利用廚房紙巾芯，能和孩子玩得沒有負擔，還能意外創造令人驚喜的作品。

● 準備物品
用完的廚房紙巾紙芯、廚房紙巾數張、顏料、能放入廚房紙巾芯的盒子

● 遊戲方法
1. 將顏料倒入盒子內。
2. 以廚房紙巾包裹紙巾芯三至四次，以免紙張掉落。
3. 將廚房紙巾芯放入盒子內側一端，用力滾動至另一端，使顏料均勻沾染。

4. 多次滾動廚房紙巾芯，使顏料均勻沾染於廚房紙巾上。完成後插入瓶中晾乾。
5. 不只是廚房紙巾芯，即使是沾染顏料的盒子底部，也可以晾乾後裁剪展示。

◎ 遊戲效果

★ 顏料經由大自然的調和，呈現美麗的色彩和紋路。

★ 雖然步驟簡單，卻可以製作有趣且充滿創意的作品。

★ 利用可回收物，使孩子有機會思考環境問題。

◎ 培養孩子可能性的訣竅及應用

　　用完剩下的捲筒衛生紙也可以用相同方法創造藝術作品。空瓶、牛奶盒、水果盒、優酪乳瓶等生活周遭經常可以看見的產品，千萬別隨意丟棄，用作美術材料，創造美術作品。這不但可以教導孩子節約精神，又能和孩子一起討論環境問題，可謂絕佳機會教育。

發展淺談 善用回收物的美術遊戲

　　在美術遊戲中，每次總要為準備材料傷透腦筋。其實環顧周遭，有許多容易取得的回收物都是不錯的美術活動材料。塑膠瓶、牛奶盒、紙杯、玻璃瓶、養樂多瓶、塑膠袋、免洗容器、盒子、吸管、餅乾盒、保麗龍等，這些回收物都別隨意丟棄，平時保留備用。回收物儘管比市售材料粗糙，卻可以創造出更珍貴、更令人愛惜的作品。善用回收物的美術活動，還具有以下幾個優點。

★**學習回收物的新價值**：為原本看似無用的廢棄物重新賦予新生，同時培養創意力，面對即使像是垃圾一樣的物品，也能站在新的視角觀看。此外，回收物的大小、外形、顏色、質感等各不相同，因此能有效激發新的創意，提高創意性的表達。

★**認知環境問題，培養節儉精神**：廢棄物造成環境汙染的問題。在善用回收物的美術遊戲中，得以重新思考平時不假思索丟棄的物品，自然而然學習大自然的珍貴。此外，也學會珍惜材料費和節儉精神。

★**透過探索各種材料發展五感**：善用回收物的美術活動主要創作立體作品，可生動真實地探索各種材料的特殊質感或形態。

★**強化關節力量和問題解決能力**：在觀察回收物帶有的特性和想要創作的物品的特性，並嘗試連結彼此的過程中，可培養各種問題解決能力。

整合領域：藝術、語言

手指玩偶DIY

☑ 孩子的想像力和創意力同時發展
☑ 練習編造故事、繪畫故事中人物

手指玩偶非常容易製作，製作完成後還可以玩偶戲，大部分的孩子都很感興趣。

● 準備物品

厚紙板、剪刀、簽字筆、色鉛筆、蠟筆

● 遊戲方法

1. 裁剪長直徑7～8公分、寬直徑5公分左右的橢圓形。
2. 橢圓形下方打2個孔，大小可容納孩子的手指穿過。
3. 橢圓形內任意繪畫動物或人偶。
4. 畫好圖後，將手指穿進孔內，就可以玩偶戲了。

● **遊戲效果**

★ 編造故事的同時，發展想像力和創意力。

★ 可以盡情繪畫故事中的人物與角色。

● **培養孩子可能性的訣竅及應用**

　　也可以製作左右手手指的玩偶，戴上手指後，玩一人分飾兩角的偶戲。輕輕鬆鬆就能製作孩子喜歡的動物、人物等各種角色，是最大的優點。

發展淺談 適合美術遊戲的材料

　　幼兒在進行美術遊戲時，最好盡可能體驗不同的材料。使用各種材料的同時，不僅可以熟悉各種材料的特性，也知道準備材料的不同，將影響進行遊戲的動機，結果當然也不同。我們的的生活周邊也存在許多美術材料，能夠從各種角度觀察這些材料的能力，就是具備創意的思考能力。

　　在美術遊戲中使用的材料容易取得，價格低廉，如果能使用孩子日常生活中接觸到的材料（例如餅乾盒、零食、襪子等），效果更好。此外，所有材料都必須讓孩子容易使用，並且能引起他們的興趣才行。

一項研究曾經調查幼稚園、幼兒園、美術補習班使用何種材料。在平面材料方面，圖畫紙、色圖畫紙、油蠟筆、色鉛筆、簽字筆、水彩、廣告顏料等占最大比例。在立體材料方面，使用量依序為紙黏土、絲線、黏土。此外，也大量使用養樂多瓶、樹枝、紙杯。從年齡別來看，最適合4歲的材料是絲線、筷子和穀類，最適合5歲的是簽字筆、壓克力板和刀子。

最不適合孩子的材料是亮光漆（使用不便，味道刺鼻，無法於室內使用）、鐵絲（幼兒不易使用且尖銳，有受傷之虞）、牙籤（小而尖銳，不易使用）。除此之外，木器漆、亮光漆需花費許多時間等待乾燥，氣味也較難聞；漂白水會造成手部搔癢，且氣味強烈；木炭容易碎裂，沾滿雙手；硬紙板、珍珠板容易碎裂，不易裁剪等，均被選入其中。

整合領域：藝術、探索

咖啡濾紙花朵DIY

☑ 學習「滲透壓」現象
☑ 學習各種顏色的混合

利用白色康乃馨染色實驗的原理，製作彩虹捧花，用來裝飾自己的房間。

● **準備物品**

白色咖啡濾紙7張、各種顏色的麥克筆（紅、橙、黃、綠、藍、靛、紫）、小水杯、水、報紙

● **遊戲方法**

1. 鋪上報紙，放上咖啡濾紙後，以麥克筆在咖啡濾紙的中央畫一個大圓點。

2. 將咖啡濾紙折半再折半。

3. 水杯內倒水，放上咖啡濾紙。此時水面高度要使濾紙尖端可以碰觸到。

4. 經過30分鐘後，水因為滲透現象而沿著咖啡濾紙向上，將濾紙的底部染色。

5. 將浸泡於水中的濾紙取出，置於報紙上風乾。

6. 反覆【步驟1～5】完成彩色的花朵（紅、橙、黃、綠、藍、靛、紫）。將風乾的濾紙折半，下半部擰成條狀，上半部稍微搓皺，完成花朵形狀。

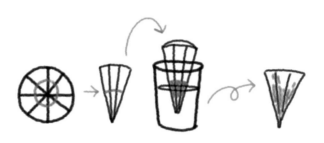

◉ 遊戲效果

★ 可學習滲透壓現象。

★ 可學習各種顏色的混合。

◉ 培養孩子可能性的訣竅及應用

　　以其他方法將咖啡濾紙染成類似系列的顏色後，也可以改用噴霧器噴水，而非放入水裡。只不過這時如果混入其他顏色，之後所有顏色混在一起，最後會變成褐色，所以每個濾紙應染成相同系列的顏色。另外，咖啡濾紙底部應蓋上塑膠袋或油紙再噴水，底部才不會沾溼。在風乾後，可以將多張濾紙分別折起，製作多個花朵，或將多張濾紙同時折起，製作成一朵顏色繽紛的花朵。

發展淺談 運用於美術活動的工具

　　在美術遊戲中，除了材料外，也使用各種工具。依照孩子的發展情況，適合使用的工具也不同。根據一項研究調查，幼兒在進行美術活動時經常使用的工具，以透明膠帶、剪刀、水彩畫筆占最大比例。此外，還有鋸齒剪刀、牙刷、造型印章、造型打孔機、黏土玩具、圖案尺等。

　　從年齡別來看，適合4歲幼兒的工具依序是水彩畫筆、剪刀、透明膠帶，最適合5歲幼兒的工具依序是強力膠、水彩畫筆、剪刀。反之，最不適合的工具依序是瞬間接著劑（手指容易瞬間黏起，不利幼兒使用）、訂書機（訂書針尖銳，即使告訴孩子使用方法，仍有危險）、雙面膠帶（不易裁剪，不適合幼齡兒童使用）。

張博士，請幫幫我！

Q 我家的5歲孩子，非常喜歡看圖畫。從現在這個時期開始，適合給孩子看他們可以看的畫展或名畫嗎？

A 這個時期的孩子對藝術感受極其敏銳。此時讓孩子有更多機會接觸喜歡的作品，將有助於發展孩子的感性。在前往美術館或展覽前，及在觀賞過程中，比起要求孩子在參觀美術館時，沒有任何標準地走馬觀花，不如幫助孩子對作品產生好奇，了解欣賞的方法，才能獲得更好的效果。

請參考〈發展淺談：欣賞美術作品的方法〉（P.131），和孩子依序進行以下步驟：①客觀敘述作品中看見的事物，②分析作品中的美學元素、解釋作者的意圖，③評價自己的感受，這三步驟有助孩子理解與記憶作品。既然是「欣賞」就應維持平靜與舒適，不妨時而坐在地板上，試著從或近或遠等各種角度欣賞。參觀完、回家後，將相關資料收集起來，讓孩子嘗試將印象深刻的事物畫下來或以其他方式表達，如此將會成為效果極大的一次「欣賞」。

Q 我家是4歲女孩，小時候聽到大人唱歌，總是能跟著哼上幾句。直到最近，只要聽歌聽2到3次，之後再聽到，就能一字不漏地跟著唱。不只是唱歌，她也能正確重現生活中出現的所有聲音。有沒有什麼好方法，可以測試她是不是音樂神童？

A 要判斷孩子在音樂方面的資優能力，必須考量其對音樂的知覺力、記憶力、創意性、表達力。

・音樂知覺力：

　　察覺聲音的音量、音高、音節、音質等細微差異的能力，音樂知覺力強的孩子在聽到音樂的時候，能夠自行發現重複的節拍與旋律，自然而然地移動身體，或是隨著正確的音程、拍子哼歌。

・音樂記憶力：

　　比起如同拍照般精準記憶音樂，更重要的是記憶該音樂中蘊含的音樂特性和意義，音樂記憶力強的孩子比其他孩子更早學會看新的樂曲和樂譜的方法，聽完一長段音樂後，能立刻以樂器演奏。

・音樂創意性：

　　編造或表演新的音樂的能力，這類孩子能將聽見的音樂旋律改編為各種不同的旋律來唱，或以容易演奏或演唱的樂器、歌曲，編成獨創的曲調，或在生活製作可以發出各種聲音的簡單樂器，享受發出聲音的遊戲。

・音樂表達力：

透過音樂表達豐富情感的能力，表達力優秀的孩子開心地隨著音樂跳舞或做出各種動作，或發現音樂的特性，以特殊的單字和句子加以說明。此外，聽著音樂，猜測接下來的旋律，或嘗試以相同樂器發出各種不同的聲音。

Q 若想要讓孩子去學鋼琴，什麼時候開始才好呢？

A 許多父母雖然沒有非把孩子培養成鋼琴家不可的目標，但希望孩子至少會演奏一項樂器，享受音樂。鋼琴不像小提琴等弦樂器或木管、銅管樂器需要調音，也比其他樂器更容易發出聲音，因此成為最先考慮的項目。所以大部分家長會在孩子在就學前、約4到5歲時，讓他們去學鋼琴。

這個時期不僅是孩子的音感大幅提高，對節奏感、旋律感、和聲的感受逐漸強烈的時期，也是能透過練習發展音樂感覺的時期。然而每個孩子的發展存在差異，為了判斷孩子是否適合學習鋼琴，最好先考慮以下幾點事項：

・孩子是否有對音樂感興趣？
・孩子是否能跟著哼一段簡短的旋律？
・孩子能集中精神至少20到30分鐘嗎？
・孩子能否活用手指小肌肉，達到可以握緊鉛筆的程度？

・孩子是否依照老師的指示執行動作？

・孩子是否擁有學習新知的欲望，並樂於追求成就？

　　如果是滿足上述條件的孩子，學習鋼琴無妨。但是只要其中一部分未能滿足，那麼最好先透過遊戲或音樂欣賞活動學習音色、強弱、音高、音速、節拍等各種音樂要素，而非立刻教孩子鋼琴，如此才有助於學習鋼琴。

　　最後，即使滿足以上所有條件，孩子還要具備學習鋼琴的意志和動機才是最重要的。別只是父母單方面決定，而是要在平時播放鋼琴音樂給孩子聽，播放演奏畫面給孩子看，甚至陪著一起上課，引導孩子主動下定決心學好鋼琴。

Q 我家孩子5歲，該放什麼樣的音樂給這個時期的孩子聽才好呢？該播放具有教育意義的內容，還是放孩子喜歡的大眾音樂，真不知道該如何是好？

A 在放音樂給孩子聽之前，必須了解一件事：比起單純播放音樂給孩子聽，孩子在聽音樂時隨著音樂律動、歌唱、拍手、跳舞，更有幫助。因此，從媽媽喜歡的音樂或孩子喜歡的大眾音樂開始都無妨，隨之歡唱或舞蹈的聽音樂方式，也值得一試。只是選擇大眾音樂時，最好避免可能對孩子過於刺激或不合適的歌詞。

　　然而因為喜歡大眾音樂，便從頭到尾只聽一種音樂，這對

提高孩子的音樂性並沒有幫助。就像攝取食物時，必須多方均衡攝取而不偏食一樣，在大眾音樂外，最好也放古典音樂、爵士樂等不同音樂給孩子聽才好。為提高孩子音樂性，多聽節奏或曲調豐富的音樂最好。交響樂既有各式各樣的樂器，也有豐富變化，值得推薦。

在挑選古典音樂時，有背景故事、使用多種樂器與長度較短的，是很不錯的選擇，例如普羅高菲夫〈彼得與狼（Peter and the Wolf）〉、卡米爾・聖桑〈動物狂歡節（Le carnaval des animaux）〉、柴可夫斯基〈天鵝湖〉、林姆斯基・高沙可夫〈蘇丹沙皇的故事〉等。

比起整天播放音樂當作背景音效，更建議和孩子一起決定好時間，集中精神聆聽。如果能一邊聽音樂，一邊歌唱跳舞、和孩子分享心得，當然是最好的。

繪畫表達能力的評估

　　欣賞知名畫家的畫作時，會發現有的作品看起來就像孩子的塗鴉一樣。其他藝術領域也經常如此，一般人確實不易客觀評價圖畫。當然，在看孩子的畫同樣會有這種問題產生，不過，只要有心，還是能以最基本的方法來評估孩子的繪畫表達能力。例如，透過孩子描繪的事物是否可以辨識、是否具有空間構圖、是否使用各種色彩等來評估孩子的圖畫。現在就來看看孩子的圖畫中，有哪一點表現得宜，又有哪一點尚待加強。

| 檢測表：了解我家孩子的繪畫表達能力 |

給孩子30到35分鐘，讓他盡情的畫圖，再依照下列檢測表進行評估。

評估項目	評估內容	評分
1. 圖形和線條的交互使用	5分／線條和基本圖形的交互使用多元且精緻	
	4分／線條和基本圖形的交互使用較為單純	
	3分／線條和基本圖形沒有交互使用，各自獨立	
	2分／線條和線條雖然有連接，但未成基本圖形	
	1分／只出現單純的線條	

2. 各種色彩	5分／使用9種以上的顏色	
	4分／使用6到8種的顏色	
	3分／使用4到5種的顏色	
	2分／使用2到3種的顏色	
	1分／使用1種的顏色	
3. 描繪精細度	5分／整體描繪精細	
	4分／一半以上描繪精細	
	3分／只有特定部分描繪精細	
	2分／只描繪形體的基本特徵	
	1分／幾乎沒有描繪精細的部分，無法辨別形體	
4. 協調的 空間表現	5分／整體協調	
	4分／整體的2／3協調	
	3分／部分協調	
	2分／整體的1／4協調	
	1分／完全不協調	
5. 各類形體	5分／出現7種以上形體	
	4分／出現5到6種形體	
	3分／出現4種形體	
	2分／出現3種形體	
	1分／出現1到2種形體	

6. 主題相關度	5分／明確表現與主題相關的內容和題材	
	4分／與主題相關的形體互為關連	
	3分／與主題相關的形體互為獨立	
	2分／出現與主題相關的形體	
	1分／幾乎沒有出現與主題相關的形體	
7. 表達方式的 獨特性	5分／對主題的想像性表達特出	
	4分／表達方式相當獨特	
	3分／內容中有表達獨特之處	
	2分／形體中部分表達獨特	
	1分／原原本本表達事物原本的模樣	
8. 圖畫的完成度	5分／整體著色，圖畫幾乎完成	
	4分／整體中半數以上著色	
	3分／只有形體的部分著色	
	2分／具有形體，但是沒有著色	
	1分／形體未完成，也未著色	
9. 圖畫和語言的 關聯性	5分／對主題的命名明確，構想獨特	
	4分／有對主題進行命名	
	3分／對部分形體命名	
	2分／有命名，不過與主題的關聯性不高	
	1分／沒有命名或無法表明主題為何	

回答總計9題選項後，記錄各項目的分數。在「表達方式
的獨特性」和「圖畫的完成度」得到2分以上，可以視為程度
在平均或平均以上。其餘7題選項得到3分以上，代表程度在平
均或平均之上。

此外，確認分數較高的對應內容，了解孩子在畫圖時，什
麼樣的表達方式更為可取，對於孩子表現優良的部分給予稱
讚，對於需要加強的部分則導向適切的方向發展。

發展關鍵詞：繪畫表達能力的評估

為孩子找回遺失的遊戲樂趣

• • •

　　多年前開始著手的遊戲百科系列，如今終於進入最後一個階段。依據不同發展時期準備遊戲百科，同時也深深了解遊戲對孩子有多麼重要，孩子又是多麼需要遊戲。尤其是第5、6冊才出現的藝術領域時，原本和音樂、美術距離遙遠的我，學到不少要是提早學習的知識。

　　回顧過去，和孩子一起玩的時間減少，代表和孩子一起度過的歡樂時光減少，也代表對孩子的關心減少。當然，心裡一直想著要為孩子買什麼樣的書，又該讓孩子寫什麼學習評量。然而我們對孩子最基本且重要的關心，例如，孩子最近在「想什麼」「做什麼」而感到幸福，是否正和爸爸媽媽度過快樂的時光等，卻埋在了內心深處。

　　上了年紀後，兒時盡情玩樂的幸福記憶不但成為難忘的回憶，也留下了內心豐富的資產，猶如存摺內的餘額一樣。所以

年幼時存下愉快遊戲的回憶者，必定是內心富饒之人。他們深知何謂生命的愉悅與幸福。即使有時難過、疲憊，存摺內的幸福存款永不見底。

　　期待藉由本書，能幫助那些家有孩子即將升上小學，整天焦急萬分的父母，及那些四處奔波，忙著為孩子提早做好準備的父母。請務必安排和孩子一起玩本書遊戲的時間，創造孩子愉快遊戲的回憶。

　　希望父母能在遊戲時，重新回想起自己幼時愉快玩耍的回憶，也希望孩子玩得咯咯大笑的同時，親身體驗比自己的身高還要更快的發展和學習。期待在為孩子（大人也是）找回遺失的遊戲樂趣上，本書能夠發揮一點微薄的幫助。

▶ 參考文獻 ◀

Chapter 1

1. Izard, C., Fine, S., Schultz, D., Mostow, A., Ackerman, B., & Youngstrom, E. Emotion Knowledge as a Predictor of Social Behavior and Academic Competence in Children at risk. Psychological Science, 12, 1, 18-23. 2001.

2. Grinspan, D., Hemphill. A., & Nowicki, S. Jr. Improving the ability of elementary school-age children to identify emotion in facial expression. J Genet Psychol. 164, 88-100. 2003.

3. 韓民勇（2009）。幼兒在自由選擇活動中出現的情緒表達。韓國：梨花女子大學研究所碩士學位論文。

4. 金南程（2014）。公家機關經驗之於5歲幼兒的壓力研究：以幼稚園與英語補習班為中心。韓國：德成女子大學教育研究所。

5. 朴政河（2010）。幼兒的幼稚園適應與日常壓力。韓國：韓國教員大學教育研究所碩士學位論文。

6. 朴政河（2013）。母親憂鬱與情緒表情的資訊處理，以及幼兒的社會退縮。韓國：漢陽大學研究所碩士學位論文。

7. Henderlong, J. & Lepper, M. R. The effects of praise on children's intrinsic motivation: A review and synthesis. Psychological Bulletin, 128, 774-795. 2002.

8. 申旼榮（2015）。讀書友愛活動對3、5歲幼兒閱讀興趣及自我自尊感之影響。韓國：中央大學校研究所碩士學位論文。

9. 金映眉（2008）。幼兒人氣度之於社會想像遊戲中的溝通策略。韓國：威德大學校教育研究所碩士學位論文。

10. 李定夏（2013）。基於正念的幼兒認知冥想課程對幼兒日常壓力與自我韌性之成效。韓國：東國大學教育研究所碩士學位論文。

11. Kellerman, J., Lewis, J., Laird, J. D. Looking and loving: The effects of mutual gaze on feelings of romantic love. Journal of Research in Personality, 23, 145-161. 1989.

12. Rubin, Z. Measurement of romantic love. Journal of Personality and Social Psychology, 16（2）, 265-273. 1970.

13. 金有珍（2014）。幼兒的動機類型：幼兒氣質及母親互動間的關聯性。韓國：慶熙大學研究所博士學位論文。

14. Jill, S. B., & Olswang, L. B. Facilitating peer-group entry in kindergartners with impairments in social communication. Language, Speech & Hearing Services in Schools, 34（2）, 154-166. 2003.

15. 金惠妍（2008）。幼兒期同儕霸凌受害之相關變因研究：以幼兒的語言能力、社會情緒行為、母親的養育行為及教師——幼兒關係為中心。韓國：天主教大學博士學位請求論文。

16. 朴珠、李恩海（2001）。關於針對學齡前兒童使用之同儕能力量尺開發之研究。大韓家庭學會誌，39，221-232，2001。

Chapter 2

1. Schellenberg, E. G.. Music Lessons Enhance IQ. Psychological Science, 15（8）, 511-514. 2004.

2. Moreno, S., Bialystok, E., Barac, R., Schellenberg, E., Cepeda, N. J., & Chau, T. Short-term music training enhance verbal intelligence and executive function. Psychological Science, 22, 1425-1433. 2011.

3. Costa-Giomi, E. The ling-term effects of childhood music instruction on intelligence and general cognitive abilities. Update: Applications of Research in Music Education, 33（2）, 20-26. 2014.

4. Costa-Giomo, E. The effects of three years of piano instruction on children's

cognitive development. Journal of Research in Music Education, 47（3）, 98-212. 1999.

5. Baharloo, S., Johnston, P. A., Service, S. K., Gitschier, J., & Freimer, N. B. Absolute pitch: An approach for identification of genetic and nongenetic components. American Journal of Human Genetics, 62, 224-231. 1998.

6. Deutsch, D., Henthorn, T., Marvin, E., & Xu H-S. Absolute pitch among American and Chinese conservation students: Prevalence differences, and evidence for a speech-related critical period. Journal of the Acoustical Society of America, 119（2）, 719-722. 2006.

7. Music and Reading Meanwhile, researchers at Stanford University, led by psychologist Brian Wandell, found that children's level of musical training was closely correlated with improvements in reading fluency. Wandell investigated the effects of various arts training, including the visual arts, music, dance and drama∕theater, on reading and phonological skills （the ability to manipulate the basic sounds of speech）. He has tracked 49 children ages 7 to 12 who are enrolled in a larger, federally funded study examining changes in brain structure associated with the development of these skills. The effect on reading fluency was seen only with musical training, Wandell said. The more musical training a child had, the greater were the improvements in reading. The research also revealed preliminary evidence of a correlation between early exposure to the visual arts and improvement in math calculation, a finding Wandell called "surprising." He is exploring this result further via a new set of experimental studies. To try to understand the underlying brain mechanisms for these links, Wandell's team used a brain-imaging technique called diffusion tensor imaging （DTI）. This technique measures properties of white matter, the tracts of axons linking various brain regions. The studies revealed "a remarkable connection

between the properties of white matter fibers and phonological awareness,"
Wandell said. Phonological awareness is directly related to reading ability.
His group is now planning interventional studies to determine if arts training
induces this change in brain structure or if the change is merely a correlation
and is caused by other factors.

8. 權英傑（2002）。顏色的世界2——現在是顏色。首爾：國際圖書出版。

9. 邢恩淑（2014）。自畫像計劃活動對幼兒繪圖表象能力及自我概念之影響。韓國：全北大學教育研究所碩士學位論文。

10. 許敏真（2014）。利用回收物的美術活動現況及實況研究。韓國：東亞大學碩士學位論文。

11. 李泉（2005）。幼兒造形活動中的材料使用及實況分析研究。韓國：建國大學教育研究所碩士學位論文。

12. 池聖愛（2001）。美術教育方法對幼兒表象能力帶來之成效。幼兒教育研究，21（1），177-201。

孩子的情緒控管&藝術體驗遊戲

權威兒童發展心理學家專為幼兒打造的**40個潛力開發遊戲書❻**

作　　者／張有敬 Chang You Kyung
譯　　者／林侑毅
選　　書／陳雯琪
企畫編輯／蔡意琪

行銷企畫／林明慧
行銷經理／王維君
業務經理／羅越華
總 編 輯／林小鈴
發 行 人／何飛鵬
出　　版／新手父母出版
　　　　　城邦文化事業股份有限公司
　　　　　台北市民生東路二段141號8樓
　　　　　電話：（02）2500-7008　傳真：（02）2502-7676
　　　　　E-mail：bwp.service@cite.com.tw
發　　行／英屬蓋曼群島商家庭傳媒股份有限公司城邦分公司
　　　　　台北市中山區民生東路二段141號11樓
　　　　　書虫客服服務專線：02-25007718；25007719
　　　　　24小時傳真專線：02-25001990；25001991
　　　　　讀者服務信箱 E-mail：service@readingclub.com.tw
劃撥帳號／19863813；戶名：書虫股份有限公司

香港發行／城邦（香港）出版集團有限公司
　　　　　香港灣仔駱克道193號東超商業中心1樓
　　　　　電話：(852)2508-6231　傳真：(852)2578-9337
　　　　　電郵：hkcite@biznetvigator.com
馬新發行／城邦（馬新）出版集團 Cite(M) Sdn. Bhd. (458372 U)
　　　　　11, Jalan 30D/146, Desa Tasik,
　　　　　Sungai Besi, 57000 Kuala Lumpur, Malaysia.
　　　　　電話：(603) 90563833　傳真：(603) 90562833

封面、版面設計／徐思文
內頁排版／陳喬尹
製版印刷／卡樂彩色製版印刷有限公司
初版一刷／2018年8月16日
初版3.5刷／2021年3月8日
定　　價／350元

城邦讀書花園
www.cite.com.tw

장유경의 아이 놀이 백과 (5~6세 편)
Copyright © 2015 by Chang You Kyung
Complex Chinese translation Copyright © 2018 by Parenting Source Press
This translation Copyright is arranged with Mirae N Co., Ltd.
through LEE's Literary Agency.

國家圖書館出版品預行編目資料

權威兒童發展心理學家專為幼兒打造的40個潛能開發遊戲
書.6：孩子的情緒控管&藝術體驗遊戲 / 張有敬著；林侑
毅譯. -- 初版. -- 臺北市：新手父母出版：家庭傳媒城邦分
公司發行, 2018.08
面；　公分

ISBN 978-986-5752-72-9（平裝）

1. 育兒　2. 幼兒遊戲　3. 親子遊戲

428.82　　　　　　　　　　　　　　　　107010671